有機化学 1000本ノック
【命名法編】

矢野将文 著 Masafumi Yano

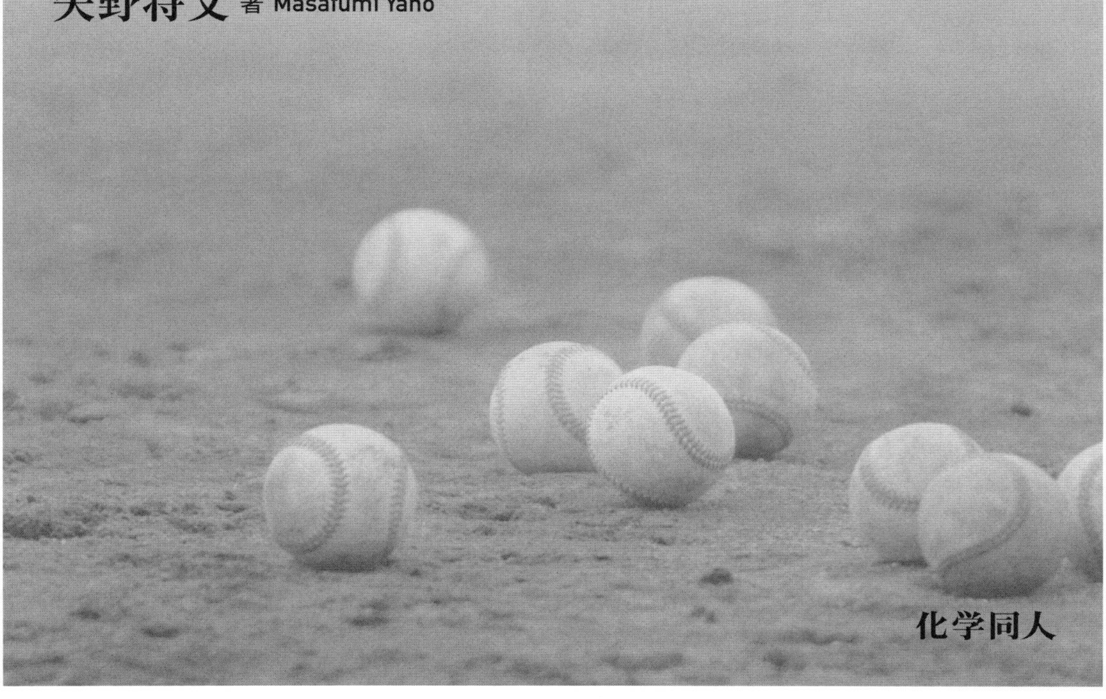

化学同人

はじめに

　有機化学の講義を担当して10年以上になります．どの大学でも，有機化学関連の科目は初年次生から始まり，数セメスターにわたって開講されることでしょう．大学での講義はまず，高校の化学の延長のような基礎的なところから始まり，学年が進むに従って内容が徐々に難しくなっていきます．有機化学は積み上げ式の学問なので，より難しい内容を理解するためには，その基礎となる知識をしっかりと身につけておかねばなりません．しかしながら，「いつのまにか有機化学が苦手になった」という人も多いと思います．そういう学生からじっくりと話を聞くと，有機化学の入口の時点でつまずいているケースが多く見られます．しかもそれは，われわれ教員が考えるよりもずっと手前なのです．そのつまずきやすい箇所は以下の三つです．

- 有機化合物の命名
- 立体化学
- 化学反応における電子の移動を表す曲がった矢印

　「なんとかしなくちゃ」と焦りながらもこの三つを放置していると，大学の有機化学の講義はどんどん進んでいき，「〇〇反応」がいっぱいでてきます．この「〇〇反応」を学ぶ段階では，命名法が理解できていることが前提になっています．また，分子の接近方向を考え，生成物の立体異性体を区別しなければなりません．さらに，電子の移動を表す曲がった矢印を使った反応機構が黒板を埋め尽し，その情報量に圧倒されます．基礎ができていないと，板書をノートに写すので精一杯になり，それを丸暗記しただけで試験に臨むことになります．必死になってなんとか単位は取ったけれど，一夜漬けの内容は長い休暇の間に忘却の彼方に消え，新しいセメスターではさらに深く学ぶ有機化学が始まります．これを繰り返すと，高校時代あんなに好きだった有機化学がすごく苦手になってしまうことでしょう．有機化学を深く理解するために有効な方法は，基本的なルールを学び，演習問題を解き，知識の定着を確認することです．ところが，いきなり難しい問題に挑戦しても，挫折してしまいます．これでは有機化学を面白く感じられません．本書はこのつまずきを乗り越えることを目標に企画されました．

　高校化学では登場する化合物の名前も少なく，なんとか丸覚えでしのげたかもしれません．ところが，大学の有機化学で登場する化合物の数は膨大です．それは，「構造異性体」を本格的に考えないといけなくなるからです．

　構造異性体は，分子の炭素数が増えるにつれ，増大していきます．これらを区別するには，「慣用名」だけでは対応できませんので，IUPAC命名法を考えなくてはなり

ません．複雑な構造式を目の前にして，どうやって名前をつけたらよいのか，お手上げになる学生が多いのですが，実は基本的なルールの積み重ねでどんな化合物でも命名できます．有機化合物を命名するには，まずは分子内にある最長の炭素鎖を正しく見きわめることが大切なのです．炭素が一つの炭化水素（アルカン）であれば「メタン」，炭素が二つの炭化水素であれば「エタン」，……と反射的に解答できるまで繰り返してください．その後，置換基がついていたり，環状になっていたり，二重結合や三重結合があったりと複雑に見えますが，これらは炭化水素を基本として命名していきます．構造式が徐々に複雑になっていく過程を追いながら，「この場合，こういうルールを追加しますね」と積み重ねていけば，誰でも確実に複雑な分子を命名できるようになります．

　IUPAC命名法は「ルールに従えば，いつ，誰が命名しても，ただ一つの名前にしかならない」ようにルールでがんじがらめになっていますので，そこが初心者には高い壁に感じられるかも知れません．本書ではこの壁を乗り越えられるように，1000問超の演習を用意しましたので，じっくりと最初から解いてみてください．解いていくうちに，「なんだ，全部同じやり方じゃないか‼」とわかればしめたもの．化合物名の丸暗記がいかにエネルギーの無駄であったかがわかると思います．

　本書では初歩の初歩から始まって，しかも徐々に難易度が上がり，数多くの演習問題を解くことで，「身体で覚える」ことを目標としています．同じような問題が，何ページにもわたり載っています．これを一つひとつ解いていくことで，確実に有機化学の基礎が身につくようになります．最初のほうの問題は，「さすがにこれは知ってますよ」となるかもしれません．簡単な問題でもすべて解いてください．問題は解くにつれ，少しずつ難しくなってきます．すぐには正解がでてこない問題もあるかもしれませんが，いろいろと試行錯誤し，自分なりの解答を導いてください．そこで初めて，答えと照らし合わせてみましょう．「わからない」といって白紙のまま解答を見るのはダメです！　この際，間違っていてもかまいません．どこが間違っていたのかを理解して，それから次の問題に取り組んでいくことが大切なのです．

　本書に載っている多くの問題を通して，「有機化学は暗記じゃないんだ」ということに気づいていただければ幸いです．

※追記　IUPAC命名法は2013年に勧告が出されていますが，本書では，現在も多くの教科書や論文で採用されている，それ以前の規則に基づいて解説しています．

2019年3月

矢野　将文

目 次

まえがき　　iii
本書の特長と使い方　　vi

1章　アルカン・ハロゲン化アルキル──単結合のみからなる化合物・・・・・1
2章　シクロアルカン──環状の化合物・・・・・・・・・・・・・・8
3章　アルケン──二重結合を一つもつ化合物・・・・・・・・・・・12
4章　シクロアルケン──環状で二重結合を一つもつ化合物・・・・・・15
5章　アルキン──三重結合を一つもつ化合物・・・・・・・・・・・17
6章　ジエン──二重結合を二つもつ化合物・・・・・・・・・・・・19
7章　シクロジエン──環状で二重結合を二つもつ化合物・・・・・・・24
8章　ジイン──三重結合を二つもつ化合物・・・・・・・・・・・・25
9章　エンイン──二重結合と三重結合をもつ化合物・・・・・・・・・26
10章　アルコール──ヒドロキシ基をもつ化合物・・・・・・・・・・29
11章　エーテル──エーテル結合をもつ化合物・・・・・・・・・・・35
12章　アミン──アミノ基をもつ化合物・・・・・・・・・・・・・39
13章　アルデヒド──ホルミル基をもつ化合物・・・・・・・・・・・45
14章　ケトン──カルボニル基をもつ化合物・・・・・・・・・・・50
15章　カルボン酸──カルボキシ基をもつ化合物・・・・・・・・・・57
16章　カルボン酸エステル──エステル結合をもつ化合物・・・・・・63
17章　ニトリル──シアノ基をもつ化合物・・・・・・・・・・・・67
18章　酸塩化物──アシル基をもつ化合物・・・・・・・・・・・・71
19章　芳香族──ベンゼン環をもつ化合物・・・・・・・・・・・・75

解説・解答【別冊】・・・巻末とじこみ

本書の特長と使い方

1. 特長
本書は，IUPAC 命名法（置換命名法）に基づいた「化合物の命名」の初歩の初歩から始まり，徐々に難易度が上がっていきます．数多くの演習問題を解き，「**身体で覚える**」ことを目標に執筆されています．どんなに簡単な問題でも飛ばさずに解いてください．1000 問超の問題を解くことで，確実に実力が身につきます．

2. 使い方
本書は「書き込み式」のワークブックです．解答は，本書の解答欄に直接書き込んでください．化合物名は日本語と英語のどちらで解答しても構いません（解答には両方の化合物名を掲載しております）．

本書の構成

命名のポイント
各章のはじめには，その章で身につける命名法のルールをまとめてあります．

解答時間とヒント
各大問には解答時間を設定していますので，取り組むときの目安にしてください．目安よりも時間がかかった場合は，ヒントやポイントを見て，考え方や解き方を復習しましょう．

解法・解答【別冊：取り外し式】
大問を一つ解き終えるごとに答え合わせをしてください．問題に対する考え方も解説しています．ヒントを見ても解答できない場合は，解法をよく読んでから次の問題に取り組んでください．

達成度チェックシート
本書の巻末に達成度チェックシートが用意されています．取り組んだ問題にチェックを入れましょう．1000 本ノックを達成した読者へ贈る著者からのメッセージが浮かび上がります．

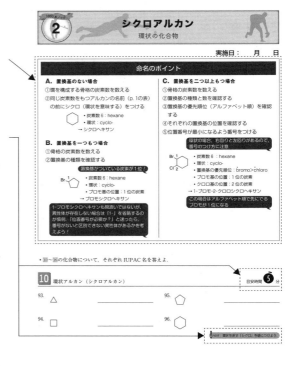

1 アルカン・ハロゲン化アルキル

単結合のみからなる化合物

実施日： 月 日

命名のポイント

A. 置換基も枝分かれもない場合

①主鎖（一番長い炭素鎖）の炭素数を数える

$$\underset{1}{CH_3}-\underset{2}{CH_2}-\underset{3}{CH_2}-\underset{4}{CH_2}-\underset{5}{CH_2}-\underset{6}{CH_3}$$

> 慣れないうちは炭素に番号を振ろう！

②炭素の数に従って名前をつける

炭素数	アルカン（alkane）	C_nH_{2n+2}
1個	メタン（methane）	CH_4
2個	エタン（ethane）	C_2H_6
3個	プロパン（propane）	C_3H_8
4個	ブタン（butane）	C_4H_{10}
5個	ペンタン（pentane）	C_5H_{12}
6個	ヘキサン（hexane）	C_6H_{14}
7個	ヘプタン（heptane）	C_7H_{16}
8個	オクタン（octane）	C_8H_{18}
9個	ノナン（nonane）	C_9H_{20}
10個	デカン（decane）	$C_{10}H_{22}$

> この表は暗記するしかない！繰り返し見直そう！

B. 置換基のある場合

①主鎖の炭素数を数える
②置換基の種類を確認する
③置換基の位置を確認する

$$\underset{6}{CH_3}-\underset{5}{CH_2}-\underset{4}{CH_2}-\underset{3}{CH_2}-\underset{2}{\underset{|}{CH}}-\underset{1}{CH_3}$$
$$\qquad\qquad\qquad\qquad\quad Cl\;クロロ基$$

- 炭素数6：hexane
- クロロ基の位置：2番目の炭素
  → 2-クロロヘキサン

ハロゲン基は有機化学によくでてくるぞ！

- －F：フルオロ（fluoro-）基
- －Cl：クロロ（chloro-）基
- －Br：ブロモ（bromo-）基
- －I：ヨード（iodo-）基

C. アルキル基を置換基にもつ（枝分かれのある）場合

①主鎖（一番長い炭素鎖）を探す

> 試行錯誤あるのみ．あらゆる可能性を考えよう！

②枝分かれの先の炭素の数を数える
③枝分かれの位置を確認する

$$\underset{1}{CH_3}-\underset{2}{CH_2}-\underset{3}{\underset{|}{CH}}-\underset{4}{CH_2}-\underset{5}{CH_3}$$
$$\qquad\qquad\qquad メチル基\;CH_3$$

- 炭素数5：pentane
- メチル基の位置：3位の炭素
  → 3-メチルペンタン

アルキル（alkyl）基	R－
メチル（methyl）基	CH_3-
エチル（ethyl）基	C_2H_5-
プロピル（propyl）基	C_3H_7-
ブチル（butyl）基	C_4H_9-
フェニル（phenyl）基	C_6H_5-

> これも頻出！暗記しよう！

1章 アルカン・ハロゲン化アルキル

・①〜⑨の化合物について，それぞれ IUPAC 名を答えよ．

1 直鎖アルカン　　　目安時間 5 分

1．CH_4 ＿＿＿＿＿＿

2．CH_3-CH_3 ＿＿＿＿＿＿

3．$CH_3-CH_2-CH_3$ ＿＿＿＿＿＿

4．$CH_3-CH_2-CH_2-CH_3$ ＿＿＿＿＿＿

5．$CH_3-CH_2-CH_2-CH_2-CH_3$ ＿＿＿＿＿＿

6．$CH_3-CH_2-CH_2-CH_2-CH_2-CH_3$ ＿＿＿＿＿＿

!Hint：炭素の数を正確に数えよう．

2 クロロ基をもつアルカン　　　目安時間 5 分

7．CH_3-Cl ＿＿＿＿＿＿

8．CH_3-CH_2-Cl ＿＿＿＿＿＿

9．$CH_3-CH_2-CH_2-Cl$ ＿＿＿＿＿＿

10．$CH_3-\underset{\underset{Cl}{|}}{CH}-CH_3$ ＿＿＿＿＿＿

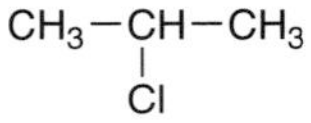

11．$CH_3-CH_2-CH_2-CH_2-Cl$ ＿＿＿＿＿＿

12．$CH_3-CH_2-\underset{\underset{Cl}{|}}{CH}-CH_3$ ＿＿＿＿＿＿

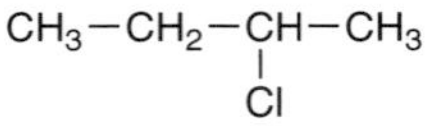

13．$CH_3-CH_2-CH_2-CH_2-CH_2-Cl$ ＿＿＿＿＿＿

14．$CH_3-CH_2-CH_2-\underset{\underset{Cl}{|}}{CH}-CH_3$ ＿＿＿＿＿＿

15．$CH_3-CH_2-\underset{\underset{Cl}{|}}{CH}-CH_2-CH_3$ ＿＿＿＿＿＿

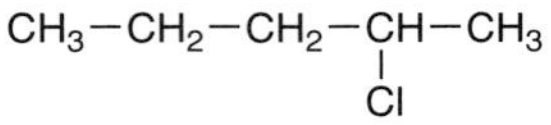

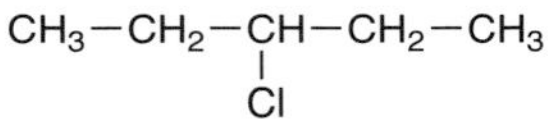

16．$CH_3-CH_2-CH_2-CH_2-CH_2-CH_2-Cl$ ＿＿＿＿＿＿

17．$CH_3-CH_2-CH_2-CH_2-\underset{\underset{Cl}{|}}{CH}-CH_3$ ＿＿＿＿＿＿

18．$CH_3-CH_2-CH_2-\underset{\underset{Cl}{|}}{CH}-CH_2-CH_3$ ＿＿＿＿＿＿

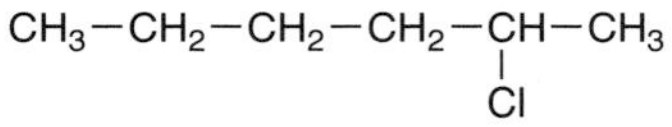

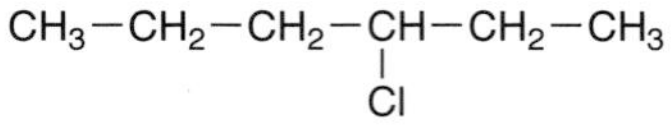

!Hint：クロロ基（塩素）は何番目の炭素についているかをよく見よう．

1章 アルカン・ハロゲン化アルキル

3 ブロモ基をもつアルカン

目安時間 5 分

19. CH_3-Br _____

20. CH_3-CH_2-Br _____

21. $CH_3-CH_2-CH_2-Br$ _____

22. $CH_3-\underset{\underset{Br}{|}}{CH}-CH_3$ _____

23. $CH_3-CH_2-CH_2-CH_2-Br$ _____

24. $CH_3-CH_2-\underset{\underset{Br}{|}}{CH}-CH_3$ _____

25. $CH_3-CH_2-CH_2-CH_2-CH_2-Br$ _____

26. $CH_3-CH_2-CH_2-\underset{\underset{Br}{|}}{CH}-CH_3$ _____

27. $CH_3-CH_2-\underset{\underset{Br}{|}}{CH}-CH_2-CH_3$ _____

28. $CH_3-CH_2-CH_2-CH_2-CH_2-CH_2-Br$ _____

29. $CH_3-CH_2-CH_2-CH_2-\underset{\underset{Br}{|}}{CH}-CH_3$ _____

30. $CH_3-CH_2-CH_2-\underset{\underset{Br}{|}}{CH}-CH_2-CH_3$ _____

Hint：ブロモ基（臭素）のついている炭素は何位かな．

4 ヨード基をもつアルカン

目安時間 5 分

31. CH_3-I _____

32. CH_3-CH_2-I _____

33. $CH_3-CH_2-CH_2-I$ _____

34. $CH_3-\underset{\underset{I}{|}}{CH}-CH_3$ _____

35. $CH_3-CH_2-CH_2-CH_2-I$ _____

36. $CH_3-CH_2-\underset{\underset{I}{|}}{CH}-CH_3$ _____

37. $CH_3-CH_2-CH_2-CH_2-CH_2-I$ _____

38. $CH_3-CH_2-CH_2-\underset{\underset{I}{|}}{CH}-CH_3$ _____

39. $CH_3-CH_2-\underset{\underset{I}{|}}{CH}-CH_2-CH_3$ _____

40. $CH_3-CH_2-CH_2-CH_2-CH_2-CH_2-I$ _____

1章　アルカン・ハロゲン化アルキル

41. CH₃－CH₂－CH₂－CH₂－CH－CH₃
　　　　　　　　　　　　　｜
　　　　　　　　　　　　　I

42. CH₃－CH₂－CH₂－CH－CH₂－CH₃
　　　　　　　　　　｜
　　　　　　　　　　I

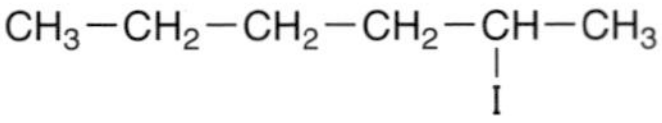

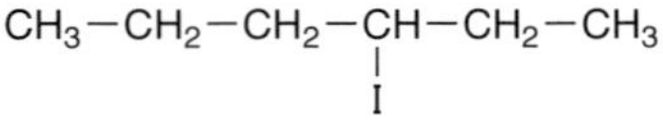

Hint：ヨード基（ヨウ素）は何番目の炭素についているか，よく見よう．

5　メチル基をもつアルカン　目安時間 5 分

43. CH₃－CH－CH₃
　　　　　｜
　　　　　CH₃

46. CH₃－CH₂－CH－CH₂－CH₃
　　　　　　　　｜
　　　　　　　　CH₃

44. CH₃－CH₂－CH－CH₃
　　　　　　　　｜
　　　　　　　　CH₃

47. CH₃－CH₂－CH₂－CH₂－CH－CH₃
　　　　　　　　　　　　　｜
　　　　　　　　　　　　　CH₃

45. CH₃－CH₂－CH₂－CH－CH₃
　　　　　　　　　　｜
　　　　　　　　　　CH₃

48. CH₃－CH₂－CH₂－CH－CH₂－CH₃
　　　　　　　　　　｜
　　　　　　　　　　CH₃

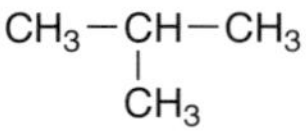

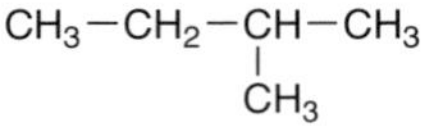

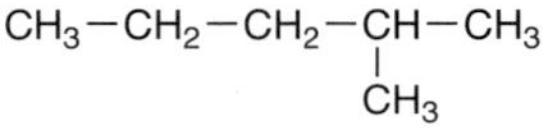

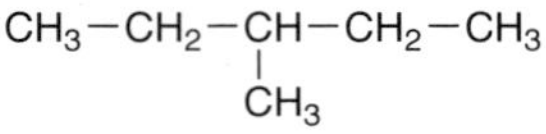

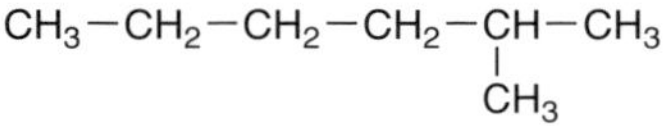

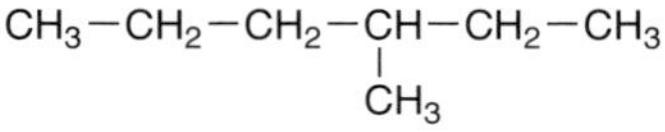

Hint：メチル基が何番目の炭素についているかをよく見よう．

6　複数のメチル基をもつアルカン（1）　目安時間 10 分

49. 　　　CH₃
　　　　　｜
　　CH₃－CH－CH－CH₃
　　　　　　　｜
　　　　　　　CH₃

52. 　　　　　　　　CH₃
　　　　　　　　　｜
　　CH₃－CH₂－CH₂－CH－CH－CH₃
　　　　　　　　　　　　｜
　　　　　　　　　　　　CH₃

50. 　　　CH₃
　　　　　｜
　　CH₃－CH－CH₂－CH－CH₃
　　　　　　　　　｜
　　　　　　　　　CH₃

53. 　　　CH₃
　　　　　｜
　　CH₃－CH－CH₂－CH₂－CH－CH₃
　　　　　　　　　　　　｜
　　　　　　　　　　　　CH₃

51. 　　　　　　CH₃
　　　　　　　｜
　　CH₃－CH₂－CH－CH－CH₃
　　　　　　　　　｜
　　　　　　　　　CH₃

54. 　　　　　CH₃
　　　　　　｜
　　CH₃－CH₂－CH－CH－CH₂－CH₃
　　　　　　　　　｜
　　　　　　　　　CH₃

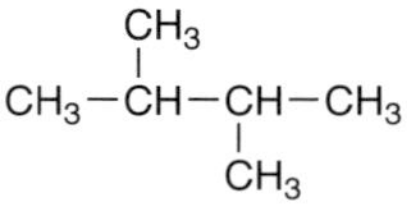

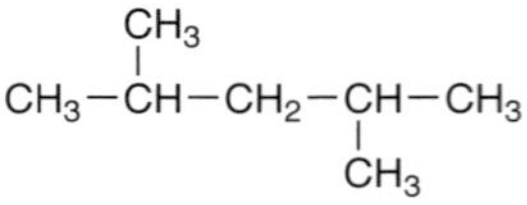

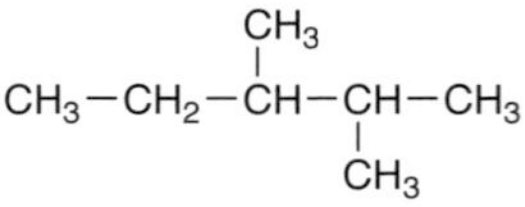

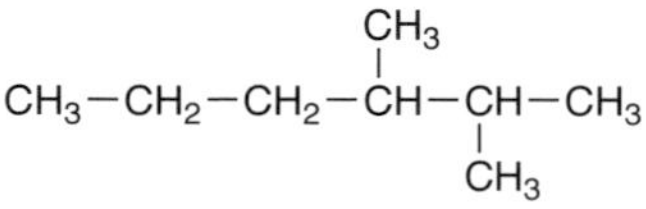

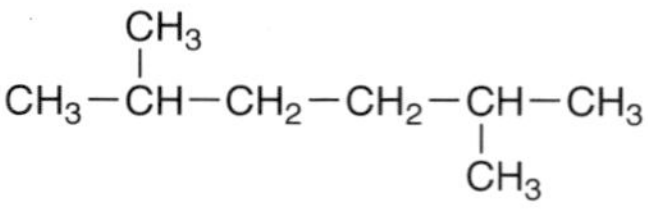

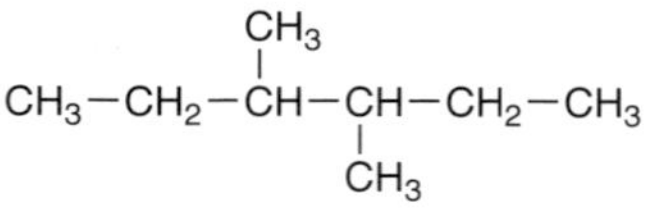

55. $CH_3-CH_2-CH(CH_3)-CH_2-CH(CH_3)-CH_3$

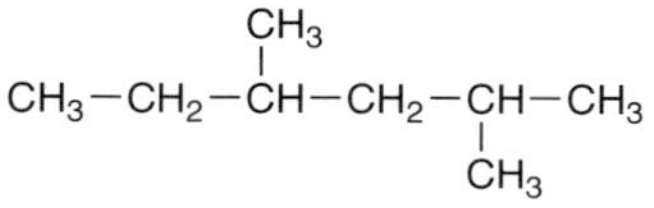

Hint：二つのメチル基（ジメチル）の位置をそれぞれ確認しよう．

7 複数のメチル基をもつアルカン（2） 目安時間 10 分

56. $CH_3-C(CH_3)_2-CH_2-CH_2-CH_3$

57. $CH_3-CH(CH_3)-CH(CH_3)-CH(CH_3)-CH_3$...

57. $CH_3-CH(CH_3)-CH(CH_3)_2-CH_3$ (wait) — 再読：$CH_3-CH(CH_3)-CH-CH(CH_3)-CH_3$ with two CH_3 below middle CH: actually $CH_3-CH(CH_3)-C(CH_3)_2-CH(...)$ — 構造： $CH_3-CH(CH_3)-CH(CH_3)(CH_3)-CH-CH_3$

58. $CH_3-CH_2-C(CH_3)_2-CH(CH_3)-CH_3$

59. $CH_3-CH_2-CH(CH_3)-C(CH_3)_2-CH_3$

60. $CH_3-CH(CH_3)-CH_2-CH(CH_3)-CH(CH_3)-CH_3$

61. $CH_3-CH_2-CH(CH_3)-CH(CH_3)-CH(CH_3)-CH_3$

62. $CH_3-CH_2-CH_2-C(CH_3)_2-CH(CH_3)-CH_3$

63. $CH_3-CH_2-CH_2-CH(CH_3)-C(CH_3)_2-CH_3$

64. $CH_3-C(CH_3)_2-CH_2-CH_2-CH(CH_3)-CH_3$

65. $CH_3-CH(CH_3)-CH(CH_3)-CH_2-CH(CH_3)-CH_3$

66. $CH_3-C(CH_3)_2-CH_2-CH(CH_3)-CH_2-CH_3$

67. $CH_3-CH_2-C(CH_3)_2-CH(CH_3)-CH(CH_3)-CH_3$

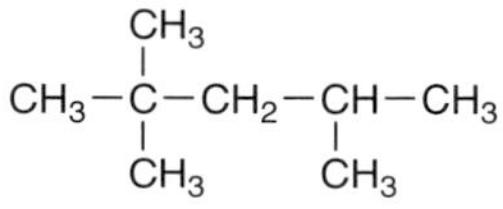

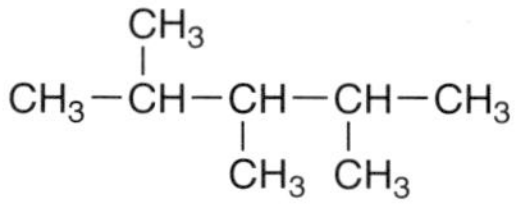

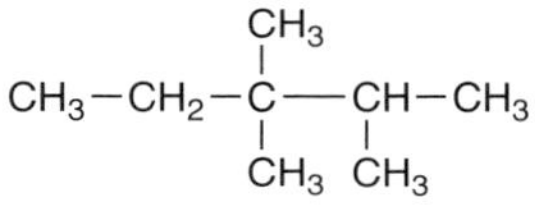

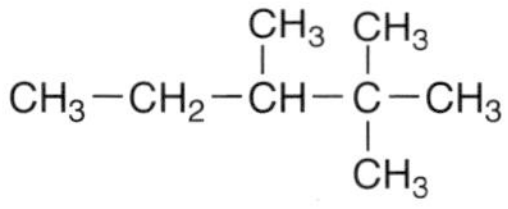

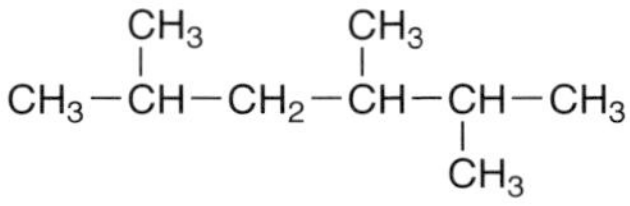

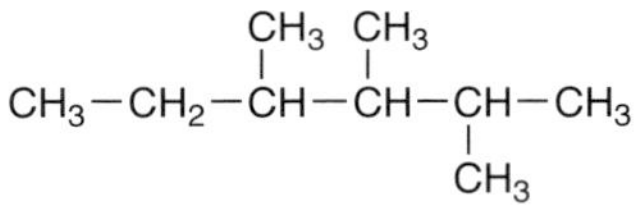

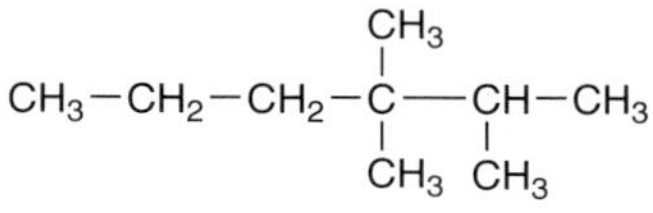

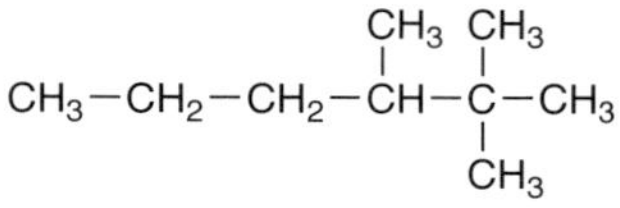

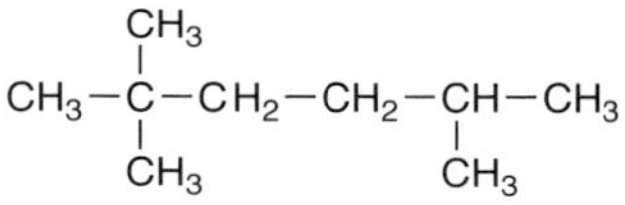

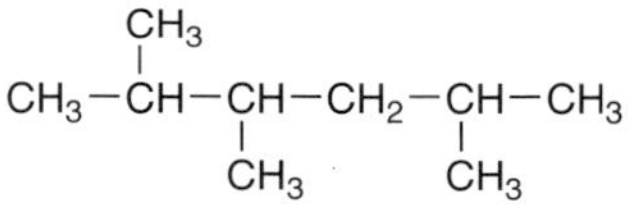

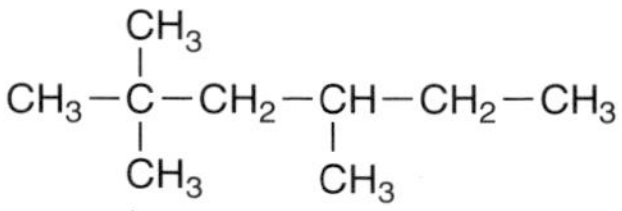

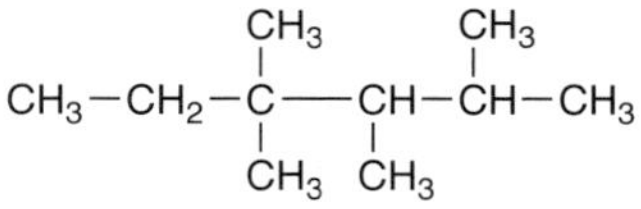

Hint：まずは主鎖を探し，メチル基の位置番号が最小になるように番号をつけよう．

1章 アルカン・ハロゲン化アルキル

8 複数種類の置換基をもつアルカン（1）

目安時間 10 分

68. CH₃-CH(Cl)-CH(CH₃)-CH₃

69. CH₃-CH(Cl)-CH₂-CH(CH₃)-CH₃

70. CH₃-CH₂-CH(Cl)-CH(CH₃)-CH₃

71. CH₃-CH₂-CH₂-CH(Cl)-CH(CH₃)-CH₃

72. CH₃-CH(Cl)-CH₂-CH₂-CH(CH₃)-CH₃

73. CH₃-CH₂-CH(Cl)-CH(CH₃)-CH₂-CH₃

74. CH₃-CH₂-CH(CH₃)-CH₂-CH(Cl)-CH₃

75. CH₂(Cl)-CH₂-CH(CH₃)-CH₃

76. CH₂(Cl)-CH₂-CH₂-CH(CH₃)-CH₃

77. CH₃-CH₂-CH(CH₃)-CH(Cl)-CH₃

78. CH₃-CH₂-CH₂-CH(CH₃)-CH(Cl)-CH₃

79. CH₂(Cl)-CH₂-CH₂-CH₂-CH(CH₃)-CH₃

80. CH₃-CH₂-CH(Cl)-CH₂-CH(CH₃)-CH₃

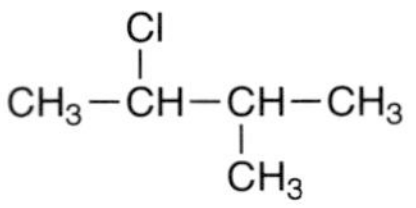

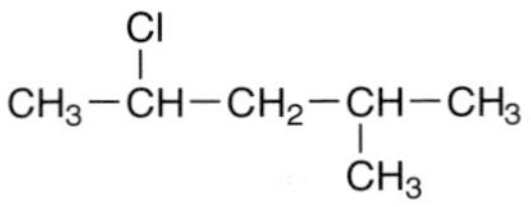

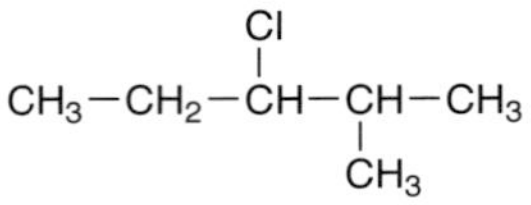

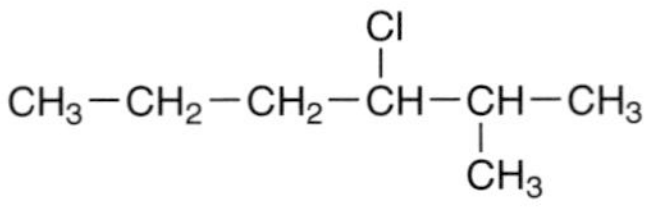

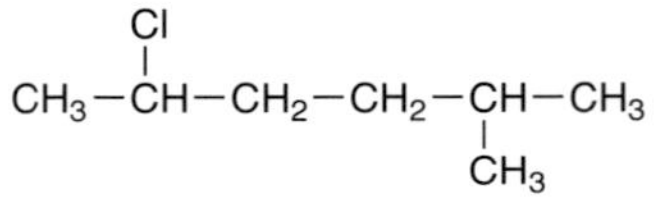

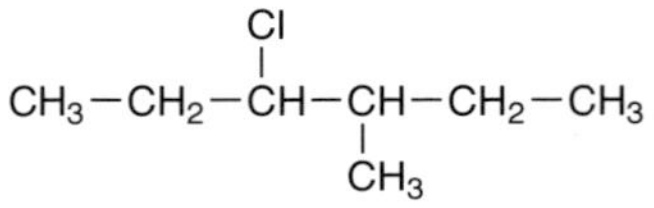

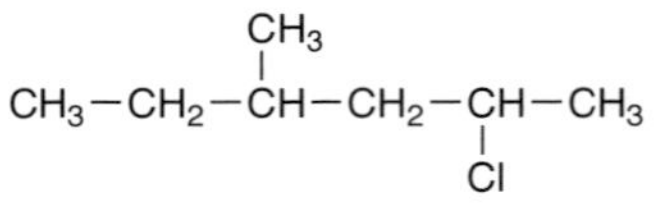

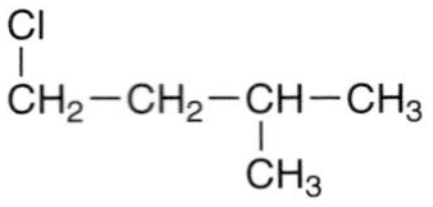

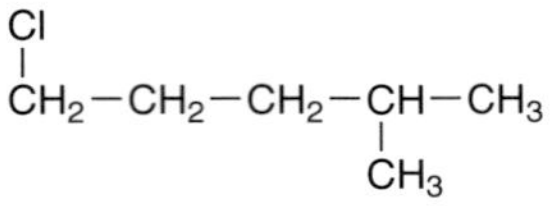

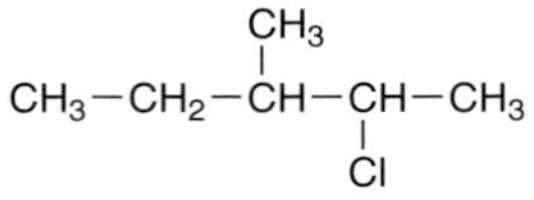

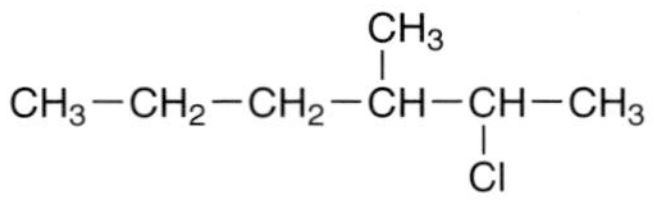

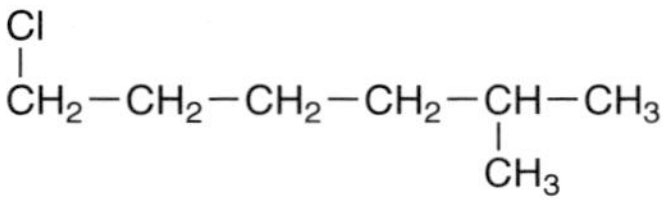

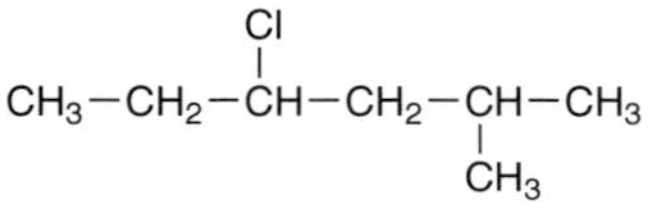

! *Hint*：異なる種類の置換基があるときは，アルファベット順で先にでてくるほうに小さい番号をつける．

9 複数種類の置換基をもつアルカン（2）

81.
$$CH_3-\underset{\underset{CH_3}{|}}{\overset{\overset{CH_3}{|}}{C}}-CH_2-\underset{\underset{Cl}{|}}{CH}-CH_3$$

82.
$$CH_3-CH_2-\underset{\underset{CH_3}{|}}{\overset{\overset{Cl}{|}}{C}}-\underset{\underset{CH_3}{|}}{CH}-CH_3$$

83.
$$CH_3-\underset{\underset{}{|}}{\overset{\overset{Cl}{|}}{CH}}-CH_2-\underset{\underset{CH_3}{|}}{\overset{\overset{CH_3}{|}}{CH}}-CH_3$$

84.
$$CH_3-CH_2-CH_2-\underset{\underset{Cl}{|}}{\overset{\overset{CH_3}{|}}{C}}-\underset{\underset{CH_3}{|}}{CH}-CH_3$$

85.
$$CH_3-\underset{\underset{CH_3}{|}}{\overset{\overset{Cl}{|}}{C}}-CH_2-CH_2-\underset{\underset{CH_3}{|}}{CH}-CH_3$$

86.
$$CH_3-\underset{\underset{CH_3}{|}}{\overset{\overset{Cl}{|}}{C}}-CH_2-\underset{\underset{CH_3}{|}}{CH}-CH_2-CH_3$$

87.
$$CH_3-\underset{}{\overset{\overset{CH_3}{|}}{CH}}-\underset{\underset{Cl}{|}}{CH}-\underset{\underset{CH_3}{|}}{CH}-CH_3$$

88.
$$CH_3-CH_2-\underset{}{\overset{\overset{CH_3}{|}}{CH}}-\underset{\underset{CH_3}{|}}{\overset{\overset{Cl}{|}}{C}}-CH_3$$

89.
$$CH_3-CH_2-\underset{}{\overset{\overset{CH_3}{|}}{CH}}-\underset{}{\overset{\overset{Cl}{|}}{CH}}-\underset{\underset{CH_3}{|}}{CH}-CH_3$$

90.
$$CH_3-CH_2-CH_2-\underset{}{\overset{\overset{CH_3}{|}}{CH}}-\underset{\underset{CH_3}{|}}{\overset{\overset{Cl}{|}}{C}}-CH_3$$

91.
$$CH_3-\underset{}{\overset{\overset{CH_3}{|}}{CH}}-\underset{\underset{Cl}{|}}{CH}-CH_2-\underset{\underset{CH_3}{|}}{CH}-CH_3$$

92.
$$CH_3-CH_2-\underset{\underset{CH_3}{|}}{\overset{\overset{CH_3}{|}}{C}}-\underset{\underset{Cl}{|}}{\overset{\overset{CH_3}{|}}{CH}}-CH-CH_3$$

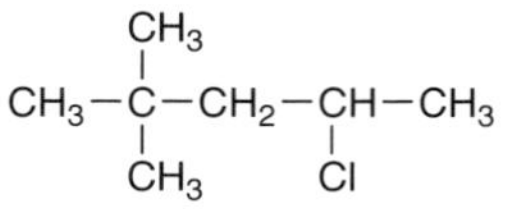

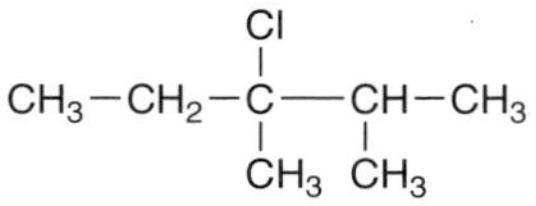

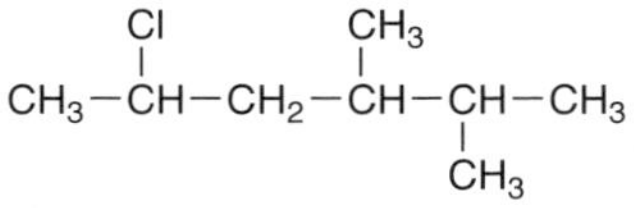

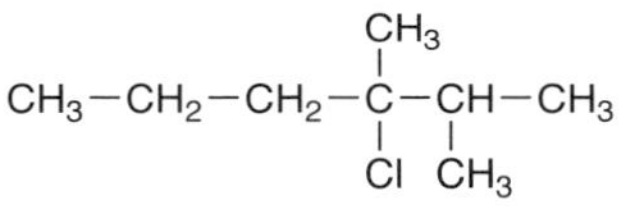

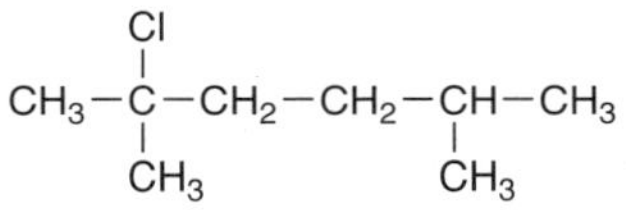

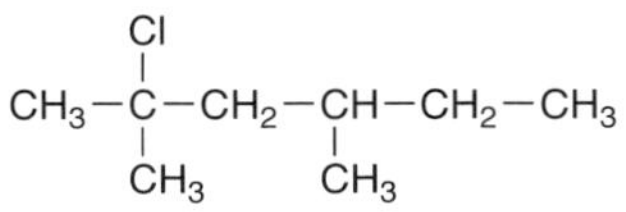

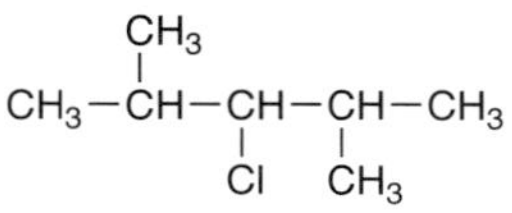

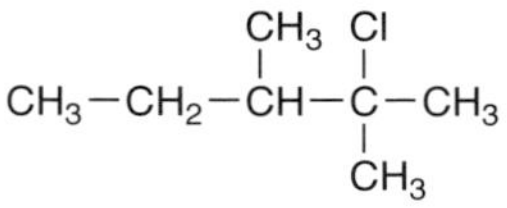

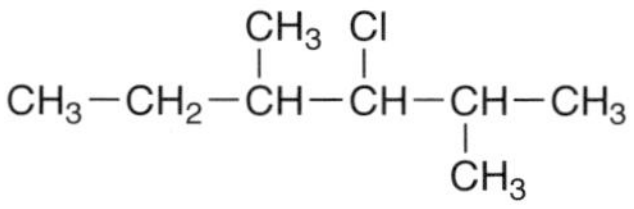

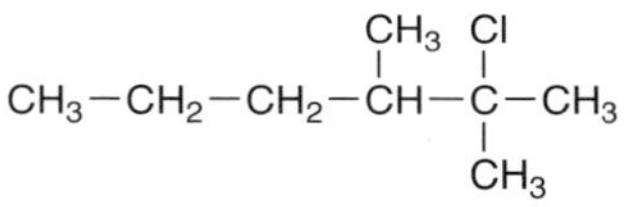

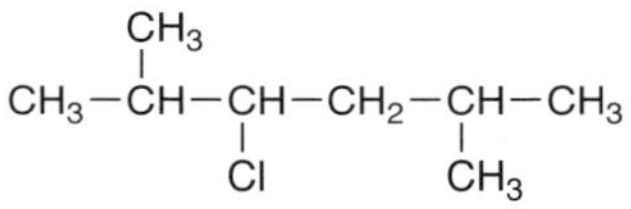

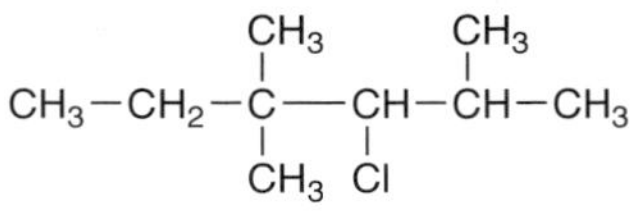

2 シクロアルカン
環状の化合物

実施日： 月 日

命名のポイント

A. 置換基のない場合
①環を構成する骨格の炭素数を数える
②同じ炭素数をもつアルカンの名前（p.1の表）の前にシクロ（環状を意味する）をつける

- 炭素数6：hexane
- 環状：cyclo-
→ シクロヘキサン

B. 置換基を一つもつ場合
①骨格の炭素数を数える
②置換基の種類を確認する

> 置換基がついている炭素が1位！

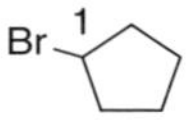

- 炭素数6：pentane
- 環状：cyclo-
- ブロモ基の位置：1位の炭素
→ ブロモシクロペンタン

> 1-ブロモシクロペンタンも間違いではないが，異性体が存在しない場合は「1-」を省略するのが慣例．「位置番号が必要か？」と迷ったら，番号がないと区別できない異性体があるかを考えよう！

C. 置換基を二つ以上もつ場合
①骨格の炭素数を数える
②置換基の種類と数を確認する
③置換基の優先順位（アルファベット順）を確認する
④それぞれの置換基の位置を確認する
⑤位置番号が最小になるよう番号をつける

> 環状の場合，右回りと左回りがあるので，番号のつけ方に注意

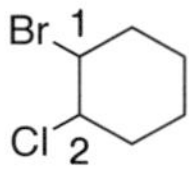

- 炭素数6：hexane
- 環状：cyclo-
- 置換基の優先順位：bromo > chloro
- ブロモ基の位置：1位の炭素
- クロロ基の位置：2位の炭素
→ 1-ブロモ-2-クロロシクロヘキサン

> この場合はアルファベット順で先にでるブロモが1位になる

• ⑩〜⑯の化合物について，それぞれIUPAC名を答えよ．

10 環状アルカン（シクロアルカン）　目安時間 5分

93. △ ＿＿＿＿＿＿＿

94. □ ＿＿＿＿＿＿＿

95. ⬠ ＿＿＿＿＿＿＿

96. ⬡ ＿＿＿＿＿＿＿

Hint：環状を表す「シクロ」を頭につけよう．

2章 シクロアルカン

11 クロロ基をもつシクロアルカン（1）　目安時間 5分

97. ［Cl-cyclopropane］ ＿＿＿＿＿＿＿＿＿＿

99. ［Cl-cyclopentane］ ＿＿＿＿＿＿＿＿＿＿

98. ［Cl-cyclobutane］ ＿＿＿＿＿＿＿＿＿＿

100. ［Cl-cyclohexane］ ＿＿＿＿＿＿＿＿＿＿

Hint：置換基名は「シクロ」の前につける．

12 クロロ基をもつシクロアルカン（2）　目安時間 10分

101. ［1,2-diCl-cyclopropane］ ＿＿＿＿＿＿＿＿＿＿

107. ［1,2-diCl-cyclopentane］ ＿＿＿＿＿＿＿＿＿＿

102. ［1,1-diCl-cyclopropane］ ＿＿＿＿＿＿＿＿＿＿

108. ［1,3-diCl-cyclopentane］ ＿＿＿＿＿＿＿＿＿＿

103. ［1,1-diCl-cyclobutane］ ＿＿＿＿＿＿＿＿＿＿

109. ［1,1-diCl-cyclohexane］ ＿＿＿＿＿＿＿＿＿＿

104. ［1,2-diCl-cyclobutane］ ＿＿＿＿＿＿＿＿＿＿

110. ［1,2-diCl-cyclohexane］ ＿＿＿＿＿＿＿＿＿＿

105. ［1,3-diCl-cyclobutane］ ＿＿＿＿＿＿＿＿＿＿

111. ［1,3-diCl-cyclohexane］ ＿＿＿＿＿＿＿＿＿＿

106. ［1,1-diCl-cyclopentane］ ＿＿＿＿＿＿＿＿＿＿

112. ［1,4-diCl-cyclohexane］ ＿＿＿＿＿＿＿＿＿＿

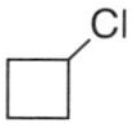

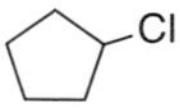

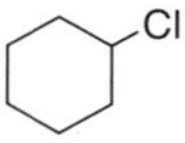

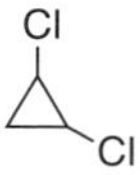

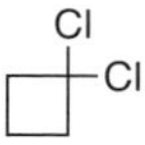

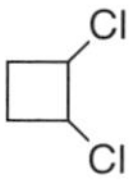

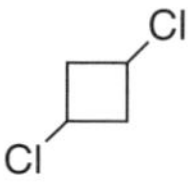

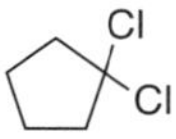

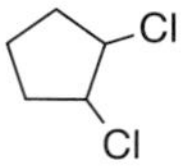

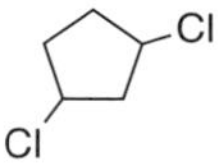

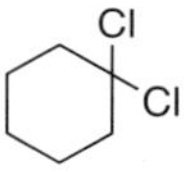

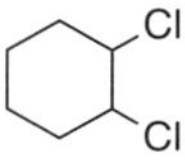

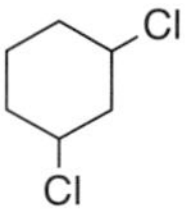

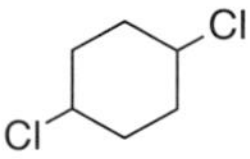

Hint：二つある置換基の位置を確認しよう．

13 ブロモ基をもつシクロアルカン　目安時間 5分

113. ［Br-cyclopropane］ ＿＿＿＿＿＿＿＿＿＿

115. ［Br-cyclopentane］ ＿＿＿＿＿＿＿＿＿＿

114. ［Br-cyclobutane］ ＿＿＿＿＿＿＿＿＿＿

116. ［Br-cyclohexane］ ＿＿＿＿＿＿＿＿＿＿

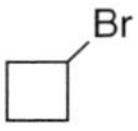

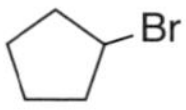

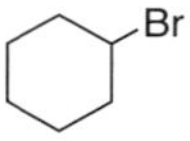

Hint：置換基名は「シクロ」の前につける．

14 複数種類の置換基をもつシクロアルカン　目安時間 10 分

117. _____
118. _____
119. _____
120. _____
121. _____
122. _____
123. _____
124. _____
125. _____
126. _____
127. _____
128. _____

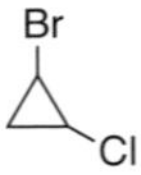

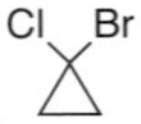

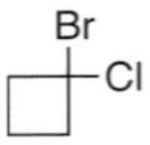

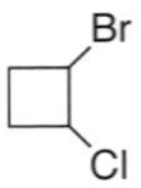

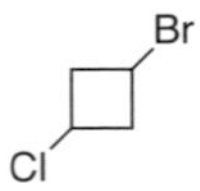

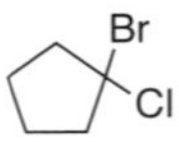

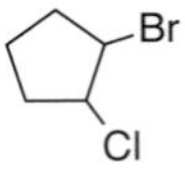

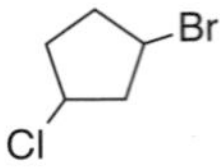

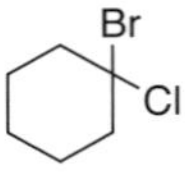

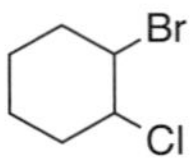

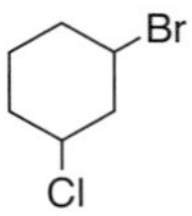

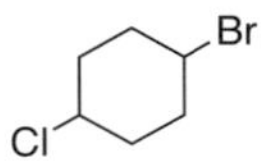

Hint：置換基の位置と番号のつけ方を確認しよう．

15 メチル基をもつシクロアルカン（1）　目安時間 5 分

129. _____
130. _____
131. _____
132. _____

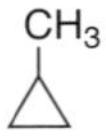

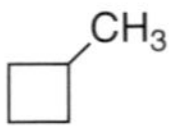

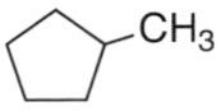

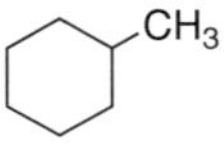

Hint：まずは環を構成する炭素のみ数えよう．

16 メチル基をもつシクロアルカン（2）　目安時間 10 分

133. _____
134. _____
135. _____
136. _____

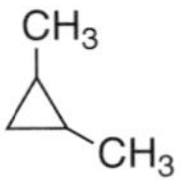

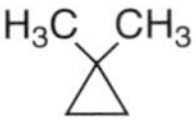

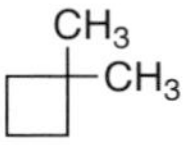

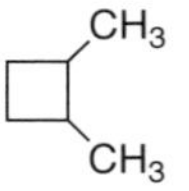

137. _____

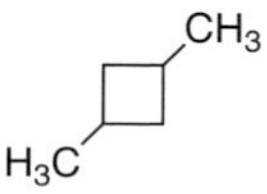

138. _____

139. _____

140. _____

141. _____

142. _____

143. _____

144. _____

!Hint：位置番号が最小になるように命名しよう．

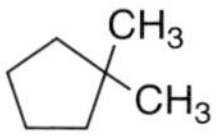

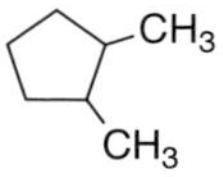

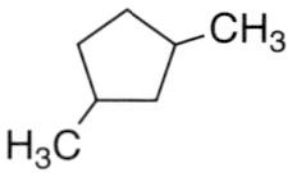

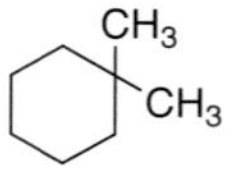

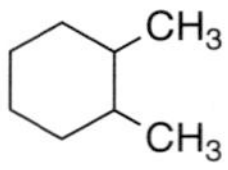

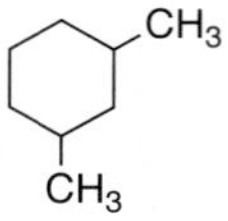

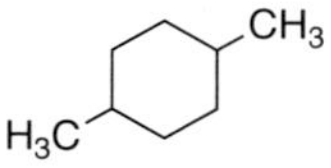

アルケン

二重結合を一つもつ化合物

実施日：　　月　　日

命名のポイント

A. 置換基（枝分かれ）のない場合

①主鎖の炭素数を数える

②同じ炭素数のアルカンの語尾をアン（-ane）からエン（-ene）に変える（p.1の表も参照）

炭素数	アルケン（alkene）	C_nH_{2n}
1個	—	—
2個	エテン（eth<u>ene</u>）	C_2H_4
3個	プロペン（prop<u>ene</u>）	C_3H_6
4個	ブテン（but<u>ene</u>）	C_4H_8
5個	ペンテン（pent<u>ene</u>）	C_5H_{10}
6個	ヘキセン（hex<u>ene</u>）	C_6H_{12}
7個	ヘプテン（hept<u>ene</u>）	C_7H_{14}
8個	オクテン（oct<u>ene</u>）	C_8H_{16}
9個	ノネン（non<u>ene</u>）	C_9H_{18}
10個	デセン（dec<u>ene</u>）	$C_{10}H_{20}$

③炭素数が4以上の場合，二重結合の位置番号が最小になるよう数字をつける

正しい番号のつけ方 →
```
1  2  3  4  5  6
C−C=C−C−C−C
6  5  4  3  2  1
```
←---- 間違った番号のつけ方

```
  1      2    3    4     5     6
CH₃−CH=CH−CH₂−CH₂−CH₃
```

- 炭素数6：hexane → hexene
- 二重結合の位置：2位と3位の間
  → 2-ヘキセン

> 二重結合の位置番号は，二重結合を構成する二つの炭素の番号のうち，小さいほうのみを示す

B. 置換基（枝分かれ）のある場合

①二重結合を含む主鎖を見きわめる

間違った番号のつけ方（炭素6個）
```
C−C=C−C−C−C
      |
     C−C−C
```
正しい番号のつけ方（炭素7個）

> できるだけ炭素鎖が長くなるように数える

②アルカンの語尾をアン（-ane）からエン（-ene）に変える

③二重結合の位置番号が最小になるよう数字をつける

④置換基の種類と数を確認する

⑤置換基の位置を確認する

```
  1      2    3    4     5     6
CH₃−CH=CH−CH−CH₂−CH₃
                |
           CH₃−CH₂−CH₂   エチル基
            7    6    5
```

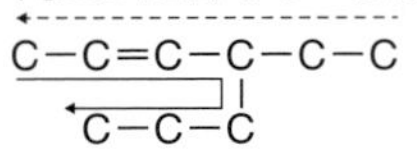

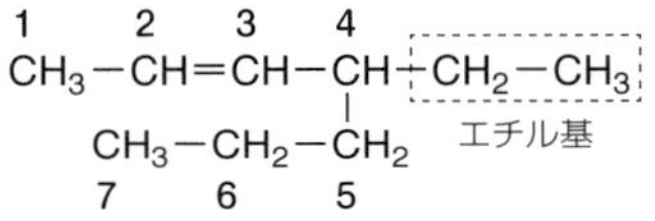

- 炭素数7：heptane → heptene
- 二重結合の位置：2位と3位の間
- エチル基の位置：4位の炭素
  → 4-エチル-2-ヘプテン

3章　アルケン

- 17～19の化合物について，それぞれ IUPAC 名を答えよ．

17　直鎖アルケン

145. CH₂=CH₂

146. CH₂=CH−CH₃

147. CH₂=CH−CH₂−CH₃

148. CH₃−CH=CH−CH₃

149. CH₃−CH=CH−CH₂−CH₃

150. CH₂=CH−CH₂−CH₂−CH₃

151. CH₂=CH−CH₂−CH₂−CH₂−CH₃

152. CH₃−CH=CH−CH₂−CH₂−CH₃

153. CH₃−CH₂−CH=CH−CH₂−CH₃

Hint：二重結合の位置を確認しよう．

18　メチル基をもつ直鎖アルケン（1）

154. CH₂=C−CH₃
         |
         CH₃

155. CH₂=C−CH₂−CH₃
         |
         CH₃

156. CH₂=CH−CH−CH₃
              |
              CH₃

157. CH₃−C=CH−CH₃
         |
         CH₃

158. CH₃−CH=CH−CH−CH₃
                  |
                  CH₃

159. CH₃−C=CH−CH₂−CH₃
         |
         CH₃

160. CH₃−CH=C−CH₂−CH₃
              |
              CH₃

161. CH₂=C−CH₂−CH₂−CH₃
         |
         CH₃

162. CH₂=CH−CH−CH₂−CH₃
              |
              CH₃

163. CH₂=CH−CH₂−CH−CH₃
                   |
                   CH₃

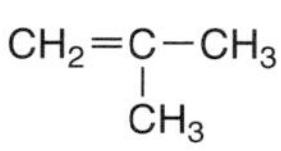

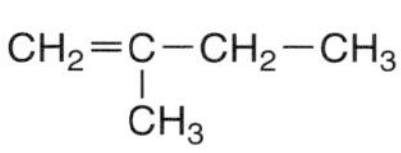

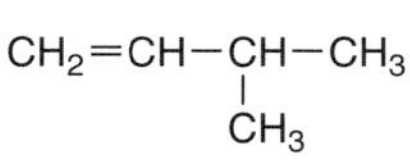

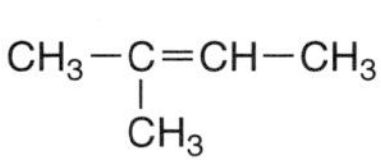

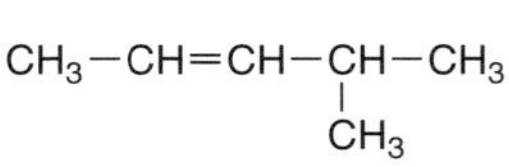

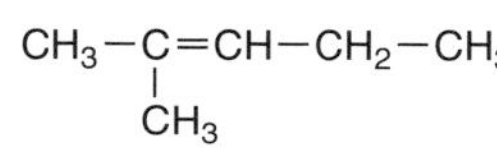

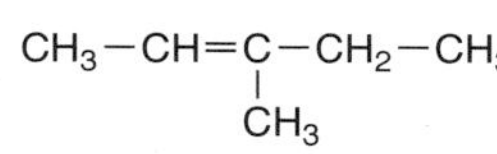

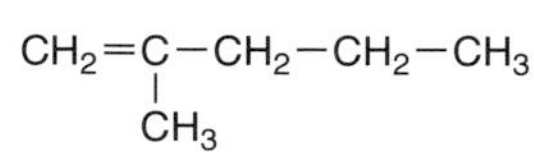

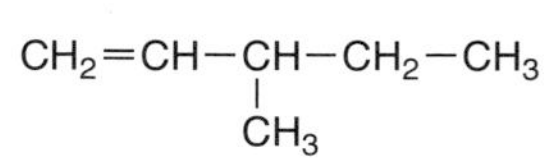

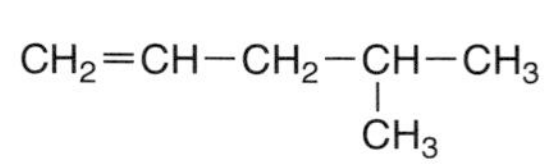

Hint：置換基の位置をよく確認しよう．

19 メチル基をもつ直鎖アルケン（2）

目安時間 10 分

164. $CH_2=C-CH_2-CH_2-CH_2-CH_3$
　　　　　$|$
　　　　　CH_3

165. $CH_2=CH-CH-CH_2-CH_2-CH_3$
　　　　　　　　$|$
　　　　　　　　CH_3

166. $CH_2=CH-CH_2-CH-CH_2-CH_3$
　　　　　　　　　　　$|$
　　　　　　　　　　　CH_3

167. $CH_2=CH-CH_2-CH_2-CH-CH_3$
　　　　　　　　　　　　　　$|$
　　　　　　　　　　　　　　CH_3

168. $CH_3-C=CH-CH_2-CH_2-CH_3$
　　　　　$|$
　　　　　CH_3

169. $CH_3-CH=C-CH_2-CH_2-CH_3$
　　　　　　　　$|$
　　　　　　　　CH_3

170. $CH_3-CH=CH-CH-CH_2-CH_3$
　　　　　　　　　　　$|$
　　　　　　　　　　　CH_3

171. $CH_3-CH=CH-CH_2-CH-CH_3$
　　　　　　　　　　　　　　$|$
　　　　　　　　　　　　　　CH_3

172. $CH_3-CH-CH=CH-CH_2-CH_3$
　　　　　$|$
　　　　　CH_3

173. $CH_3-CH_2-C=CH-CH_2-CH_3$
　　　　　　　　　$|$
　　　　　　　　　CH_3

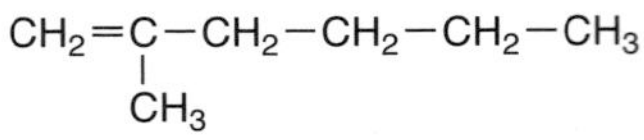

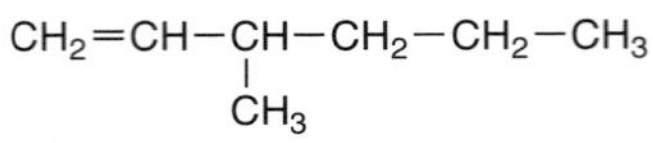

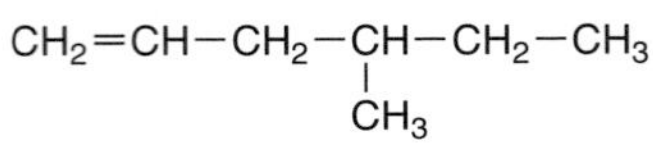

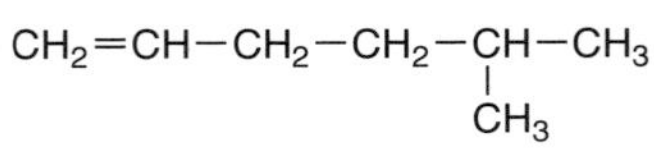

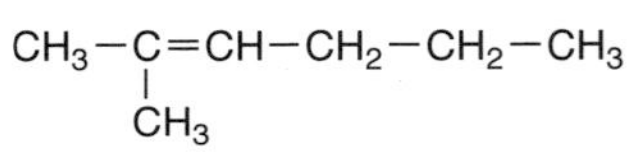

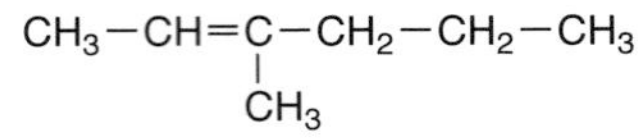

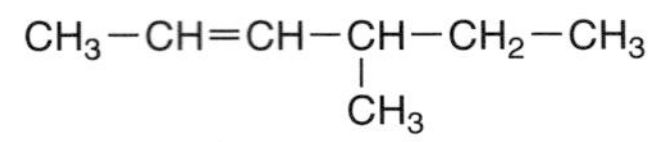

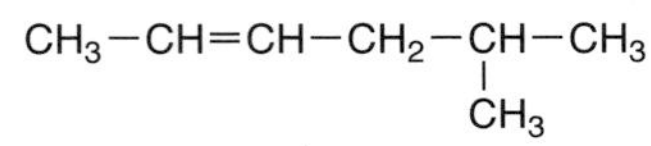

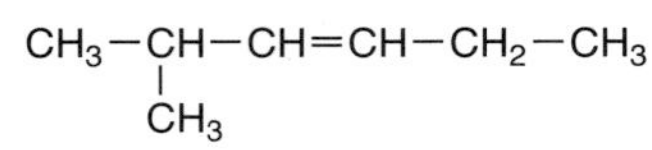

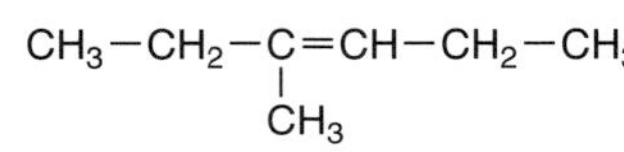

!Hint：主鎖を正確に見きわめよう．

シクロアルケン
環状で二重結合を一つもつ化合物

実施日： 月 日

命名のポイント

A. 置換基のない場合
①骨格の炭素数を数える
②同じ炭素数のシクロアルカンの語尾を
アン（-ane）からエン（-ene）に変える
（p.12 の表を参照）
③二重結合の位置番号が最小になるよう数字
をつける

> 二重結合の炭素が1位と2位になるため，位置番号は不要．

- 炭素数6：hexane → hexene
- 環状：cyclo-
- 二重結合の位置：1位と2位の炭素の間
  → シクロヘキセン

B. 置換基のある場合
①骨格の炭素数を数える
②同じ炭素数のシクロアルカンの語尾を
アン（-ane）からエン（-ene）に変える
③二重結合の位置番号が最小になるよう数字をつける
④置換基の種類と数を確認する
⑤置換基の位置を確認する

> 環状の場合，右回りと左回りがあるので，番号のつけ方に注意！

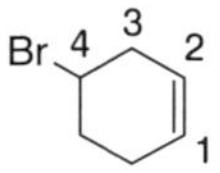

- 炭素数6：hexane → hexene
- 環状：cyclo-
- ブロモ基の位置：4位の炭素
  → 4-ブロモシクロヘキセン

・20〜22の化合物について，それぞれ IUPAC 名を答えよ．

20 シクロアルケン　　　　目安時間 5 分

174. 　_____

175. □　_____

176. ⬠　_____

177. 　_____

Hint：環状を表す「シクロ」を頭につけよう．

21 クロロ基をもつシクロアルケン　　　　目安時間 10 分

178. Cl ─ □　_____

179. Cl ─ △　_____

4章 シクロアルケン

180.
181.
182.
183.
184.
185.
186.
187.

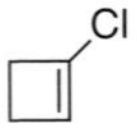

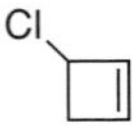

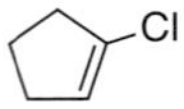

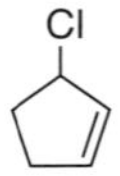

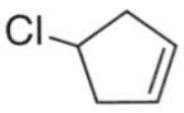

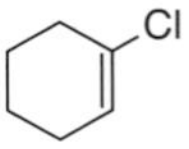

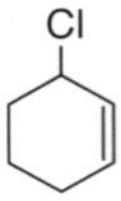

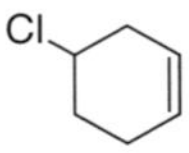

Hint：クロロ基の位置を確認しよう．

22 メチル基をもつシクロアルケン　目安時間 10 分

188.
189.
190.
191.
192.
193.
194.
195.
196.
197.

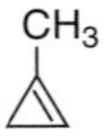

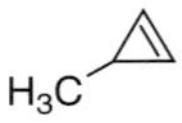

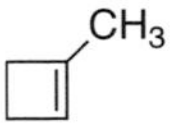

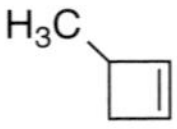

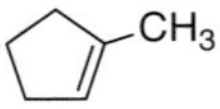

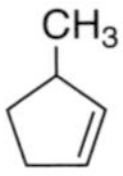

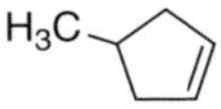

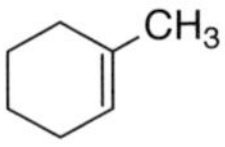

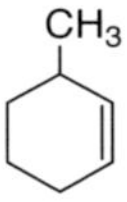

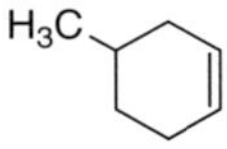

Hint：メチル基の位置番号も忘れずに示そう．

5 アルキン
三重結合を一つもつ化合物

実施日：　月　日

命名のポイント

A. 置換基（枝分かれ）のない場合
① 主鎖の炭素数を数える
② 同じ炭素数のアルカンの語尾をアン（-ane）からイン（-yne）に変える（p.1の表も参照）

炭素数	アルキン（alkyne）	C_nH_{2n-2}
1個	—	—
2個	エチン（eth*yne*）	C_2H_2
3個	プロピン（prop*yne*）	C_3H_4
4個	ブチン（but*yne*）	C_4H_6
5個	ペンチン（pent*yne*）	C_5H_8
6個	ヘキシン（hex*yne*）	C_6H_{10}
7個	ヘプチン（hept*yne*）	C_7H_{12}
8個	オクチン（oct*yne*）	C_8H_{14}
9個	ノニン（non*yne*）	C_9H_{16}
10個	デシン（dec*yne*）	$C_{10}H_{18}$

③ 炭素数が4以上の場合，三重結合の位置番号が最小になるよう数字をつける

```
    正しい番号のつけ方 →
      1 2 3 4 5 6
      C≡C-C-C-C-C
      6 5 4 3 2 1
    ←---- 間違った番号のつけ方
```

```
    1  2   3    4    5    6
    CH≡C-CH₂-CH₂-CH₂-CH₃
```

・炭素数 6：hexane → hexyne
・三重結合の位置：1位と2位の炭素の間
  → 1-ヘキシン

> 三重結合の位置番号は，三重結合を構成する二つの炭素の番号のうち，小さいほうのみを示す.

B. 置換基（枝分かれ）のある場合
① 三重結合を含む主鎖を見きわめる

```
    間違った番号のつけ方（炭素5個）
    C≡C-C-C-C
        |
        C-C-C
    正しい番号のつけ方（炭素7個）
```

② 同じ炭素数のアルカンの語尾をアン（-ane）からイン（-yne）に変える
③ 三重結合の位置番号が最小になるよう数字をつける
④ 置換基の種類と数を確認する
⑤ 置換基の位置を確認する

```
    1   2   3    4    5    6    7
    CH≡C-CH₂-CH-CH₂-CH₂-CH₃
                |
                CH₃  メチル基
```

・炭素数 7：heptane → heptyne
・三重結合の位置：1位と2位の炭素の間
・メチル基の位置：4位の炭素
  → 4-メチル-1-ヘプチン

・23～24の化合物について，それぞれ IUPAC 名を答えよ．

23 直鎖アルキン　　目安時間 5 分

198. CH≡CH

199. CH≡C−CH₃

200. CH≡C−CH₂−CH₃

201. CH₃−C≡C−CH₃

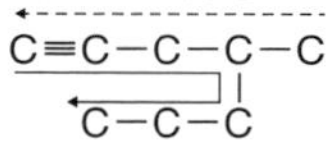

5章　アルキン

202. CH₃−C≡C−CH₂−CH₃

203. CH≡C−CH₂−CH₂−CH₃

204. CH≡C−CH₂−CH₂−CH₂−CH₃

205. CH₃−C≡C−CH₂−CH₂−CH₃

206. CH₃−CH₂−C≡C−CH₂−CH₃

!Hint：三重結合の位置を正確に見きわめよう。

24　クロロ基をもつ直鎖アルキン

目安時間 15 分

207. CH≡C−Cl

208. Cl−C≡C−CH₃

209. CH≡C−CH₂−Cl

210. Cl−C≡C−CH₂−CH₃

211. CH≡C−CH−CH₃
           |
           Cl

212. Cl−CH₂−C≡C−CH₃

213. Cl−CH₂−C≡C−CH₂−CH₃

214. CH₃−C≡C−CH−CH₃
              |
              Cl

215. CH₃−C≡C−CH₂−CH₂−Cl

216. Cl−C≡C−CH₂−CH₂−CH₃

217. CH≡C−CH−CH₂−CH₃
          |
          Cl

218. CH≡C−CH₂−CH−CH₃
                |
                Cl

219. CH≡C−CH₂−CH₂−CH₂−Cl

220. CH≡C−CH₂−CH₂−CH₂−CH₂−Cl

221. CH₃−C≡C−CH₂−CH₂−CH₂−Cl

222. CH₃−CH₂−C≡C−CH₂−CH₂−Cl

!Hint：置換基の種類と位置を確認しよう。

ジエン
二重結合を二つもつ化合物

命名のポイント

A. 置換基（枝分かれ）のない場合
①主鎖の炭素数を数える．
②同じ炭素数のアルカンの語尾をン(-ne)からジエン(-diene)に変える
  例：ヘキサン（hexane）
    → ヘキサジエン（hexadiene）
③二つの二重結合の位置を確認し，最小になるよう位置番号をつける

```
正しい番号のつけ方──→
  1 2 3 4 5 6
  C=C-C=C-C-C
  6 5 4 3 2 1
←----間違った番号のつけ方
```

$CH_2=CH-CH=CH-CH_2-CH_3$

- 炭素数 6：hexane → hexadiene
- 二重結合の位置：1位と2位，3位と4位の炭素の間
  → 1,3-ヘキサジエン

B. 置換基（枝分かれ）のある場合
①二重結合を二つ含む主鎖を見きわめる
②同じ炭素数のアルカンの語尾をン(-ne)からジエン(-diene)に変える
③二重結合の位置番号が最小になるよう数字をつける

```
    正しい番号のつけ方──→
      1 2 3 4 5 6
      C=C-C=C-C-C
            |
            C
      6 5 4 3 2 1
    ←----間違った番号のつけ方
```

④置換基の種類と数を確認する
⑤置換基の位置を確認する

```
  1   2  3  4  5   6
CH_2=CH-CH=C-CH_2-CH_3
            |
           CH_3  メチル基
```

- 炭素数 6：hexane → hexadiene
- 二重結合の位置：1位と2位，3位と4位の炭素の間
- メチル基の位置：4位の炭素
  → 4-メチル-1,3-ヘキサジエン

- 25～32の化合物について，それぞれ IUPAC 名を答えよ．

25 ジエン　　　　　　　　　　　　　　　　　　　目安時間 5 分

223. $CH_2=CH-CH=CH_2$

224. $CH_2=CH-CH=CH-CH_3$

225. $CH_2=CH-CH_2-CH=CH_2$

226. $CH_2=CH-CH=CH-CH_2-CH_3$

227. $CH_2=CH-CH_2-CH=CH-CH_3$

228. $CH_2=CH-CH_2-CH_2-CH=CH_2$

6章 ジエン

229. CH₃−CH=CH−CH=CH−CH₃

_____

Hint：二重結合の数と位置を確認しよう．

26　クロロ基をもつジエン（1）

230. Cl−CH=CH−CH=CH₂

_____

231. CH₂=C−CH=CH₂
　　　　｜
　　　　Cl

_____

232. Cl−CH=CH−CH=CH−CH₃

_____

233. CH₂=C−CH=CH−CH₃
　　　　｜
　　　　Cl

_____

234. CH₂=CH−C=CH−CH₃
　　　　　　｜
　　　　　　Cl

_____

235. CH₂=CH−CH=C−CH₃
　　　　　　　　｜
　　　　　　　　Cl

_____

236. CH₂=CH−CH=CH−CH₂−Cl

_____

237. Cl−CH=CH−CH₂−CH=CH₂

_____

238. CH₂=C−CH₂−CH=CH₂
　　　　｜
　　　　Cl

_____

239. CH₂=CH−CH−CH=CH₂
　　　　　　｜
　　　　　　Cl

_____

Hint：クロロ基の位置を確認しよう．

27　クロロ基をもつジエン（2）

240. Cl−CH=CH−CH=CH−CH₂−CH₃

_____

241. CH₂=C−CH=CH−CH₂−CH₃
　　　　｜
　　　　Cl

_____

242. CH₂=CH−C=CH−CH₂−CH₃
　　　　　　｜
　　　　　　Cl

_____

243. CH₂=CH−CH=C−CH₂−CH₃
　　　　　　　　｜
　　　　　　　　Cl

_____

244. CH₂=CH−CH=CH−CH−CH₃
　　　　　　　　　　｜
　　　　　　　　　　Cl

_____

245. CH₂=CH−CH=CH−CH₂−CH₂−Cl

_____

246. Cl−CH=CH−CH₂−CH=CH−CH₃

_____

247. CH₂=C−CH₂−CH=CH−CH₃
　　　　｜
　　　　Cl

_____

248. CH₂=CH−CH−CH=CH−CH₃
　　　　　　｜
　　　　　　Cl

_____

249. CH₂=CH−CH₂−C=CH−CH₃
　　　　　　　　｜
　　　　　　　　Cl

_____

250. CH₂=CH-CH₂-CH=C-CH₃
              |
              Cl

251. CH₂=CH-CH₂-CH=CH-CH₂-Cl

!Hint：クロロ基の位置を確認しよう．

28　ブロモ基をもつジエン（1）

目安時間 分

252. Br-CH=CH-CH=CH₂

253. CH₂=C-CH=CH₂
          |
          Br

254. Br-CH=CH-CH=CH-CH₃

255. CH₂=C-CH=CH-CH₃
          |
          Br

256. CH₂=CH-C=CH-CH₃
             |
             Br

257. CH₂=CH-CH=C-CH₃
                |
                Br

258. CH₂=CH-CH=CH-CH₂-Br

259. Br-CH=CH-CH₂-CH=CH₂

260. CH₂=C-CH₂-CH=CH₂
          |
          Br

261. CH₂=CH-CH=CH₂
             |
             Br

!Hint：ブロモ基の位置を確認しよう．

29　ブロモ基をもつジエン（2）

目安時間 分

262. Br-CH=CH-CH=CH-CH₂-CH₃

263. CH₂=C-CH=CH-CH₂-CH₃
          |
          Br

264. CH₂=CH-C=CH-CH₂-CH₃
             |
             Br

265. CH₂=CH-CH=C-CH₂-CH₃
                |
                Br

266. CH₂=CH-CH=CH-CH-CH₃
                   |
                   Br

267. CH₂=CH-CH=CH-CH₂-CH₂-Br

268. Br−CH=CH−CH₂−CH=CH−CH₃

269. CH₂=C−CH₂−CH=CH−CH₃
         |
         Br

270. CH₂=CH−CH−CH=CH−CH₃
            |
            Br

271. CH₂=CH−CH₂−C=CH−CH₃
                |
                Br

272. CH₂=CH−CH₂−CH=C−CH₃
                     |
                     Br

273. CH₂=CH−CH₂−CH=CH−CH₂−Br

30　メチル基をもつジエン（１）　　目安時間 ⑮分

274. CH₂=C−CH=CH₂
         |
         CH₃

275. CH₂=C−CH=CH−CH₃
         |
         CH₃

276. CH₂=CH−C=CH−CH₃
             |
             CH₃

277. CH₂=C−CH₂−CH=CH₂
         |
         CH₃

278. CH₂=CH−CH−CH=CH₂
            |
            CH₃

279. CH₂=C−CH=CH−CH₂−CH₃
         |
         CH₃

280. CH₂=CH−C=CH−CH₂−CH₃
             |
             CH₃

281. CH₂=C−CH₂−CH=CH−CH₃
         |
         CH₃

282. CH₂=CH−CH−CH₂−CH=CH₂
            |
            CH₃

283. CH₃−C=CH−CH=CH−CH₃
        |
        CH₃

284. CH₃−CH=C−CH=CH−CH₃
             |
             CH₃

31 メチル基をもつジエン（2） 目安時間 10 分

285. CH₂=C-C=CH₂ with CH₃ up and CH₃ down on middle carbons

$CH_2=C(CH_3)-C(CH_3)=CH_2$

286. $CH_2=C(CH_3)-C(CH_3)=CH-CH_3$

287. $CH_2=C(CH_3)-CH=C(CH_3)-CH_3$

288. $CH_2=C(CH_3)-CH(CH_3)-CH=CH_2$

289. $CH_2=C(CH_3)-CH_2-C(CH_3)=CH_2$

290. $CH_2=C(CH_3)-C(CH_3)=CH-CH_2-CH_3$

291. $CH_2=C(CH_3)-CH=C(CH_3)-CH_2-CH_3$

292. $CH_2=C(CH_3)-CH=CH-C(CH_3)-CH_3$

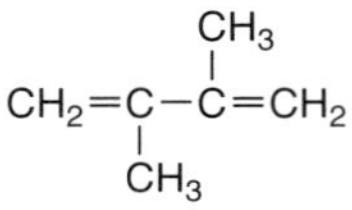

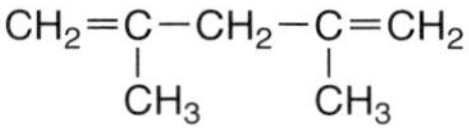

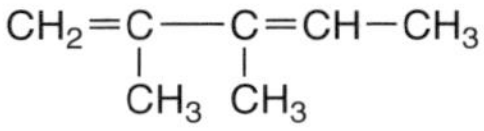

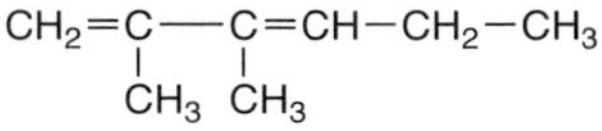

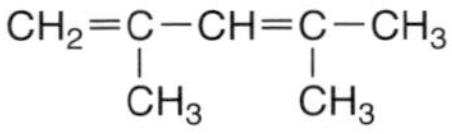

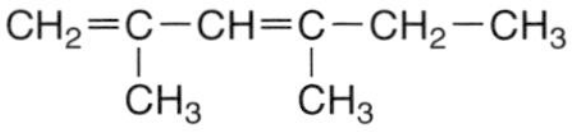

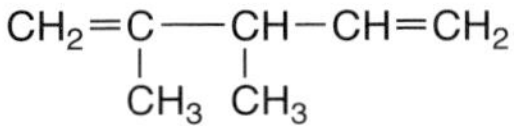

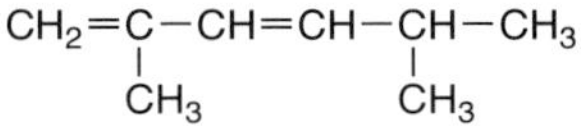

Hint：メチル基の数と位置を確認しよう．

32 メチル基をもつジエン（3） 目安時間 10 分

293. $CH_2=C(CH_3)-CH(CH_3)-CH=CH-CH_3$

294. $CH_2=C(CH_3)-CH_2-C(CH_3)=CH-CH_3$

295. $CH_2=C(CH_3)-CH_2-CH=C(CH_3)-CH_3$

296. $CH_2=C(CH_3)-CH(CH_3)-CH_2-CH=CH_2$

297. $CH_2=CH-CH(CH_3)-CH(CH_3)-CH=CH_2$

298. $CH_2=CH-CH(CH_3)-CH_2-C(CH_3)=CH_2$

299. $CH_2=C(CH_3)-CH_2-CH_2-C(CH_3)=CH_2$

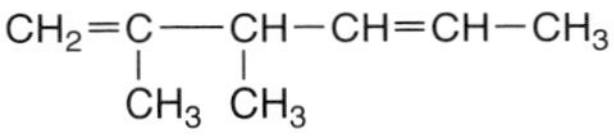

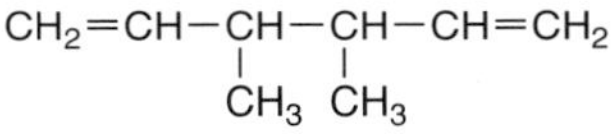

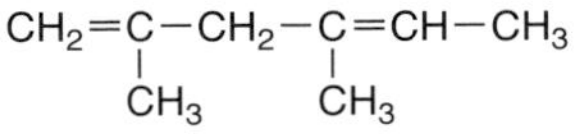

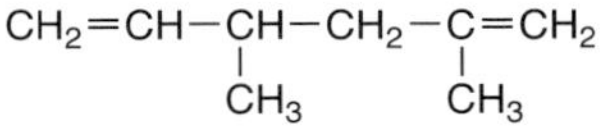

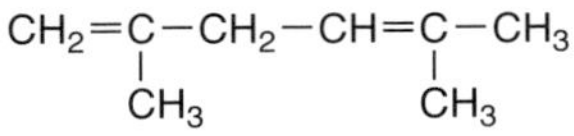

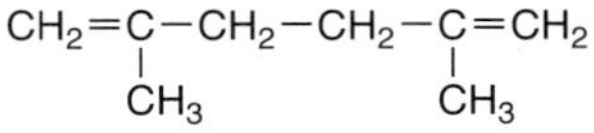

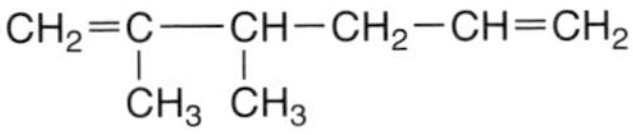

Hint：二つの二重結合を含む主鎖を見きわめよう．

7 シクロジエン
環状で二重結合を二つもつ化合物

実施日： 月 日

命名のポイント

A. 置換基のない場合
① 環を構成している骨格の炭素数を数える
② 同じ炭素数をもつシクロアルカンの語尾をン（-ne）からジエン（-diene）に変える
　例：シクロヘキサン（cyclohex<u>ane</u>）
　　→ シクロヘキサジエン（cyclohexa<u>diene</u>）
③ 二つの二重結合の位置番号が最小になるように数字をつける

> 環状の場合，右回りと左回りがあるので，番号のつけ方に注意

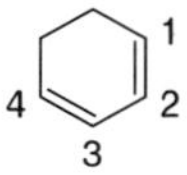

- 炭素数6：hexane → hexadiene
- 環状：cyclo-
- 二重結合の位置：1位と2位，3位と4位の炭素の間
　→ 1,3-シクロヘキサジエン

（参考）B. 置換基のある場合
① 環を構成している骨格の炭素数を数える
② 同じ炭素数をもつシクロアルカンの語尾をン（-ne）からジエン（-diene）に変える
③ 二つの二重結合の位置番号が最小になるように数字をつける
④ どんな置換基があるかを確認する
⑤ 置換基の位置を確認する

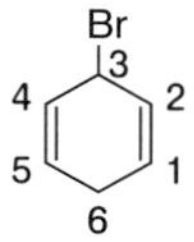

- 炭素数6：hexane → hexadiene
- 環状：cyclo-
- 二重結合の位置：1位と2位，4位と5位の炭素の間
　→ 3-ブロモ-1,4-シクロヘキサジエン

・33の化合物について，それぞれ IUPAC 名を答えよ．

33 シクロジエン　　目安時間 5 分

300. ☐ ＿＿＿＿＿＿

301. ⬠ ＿＿＿＿＿＿

302. ⬡ ＿＿＿＿＿＿

303. ⬡ ＿＿＿＿＿＿

> Hint：環のなかの二重結合の数と位置を数えよう．

— 24 —

1000本ノック 8 ジイン
三重結合を二つもつ化合物

実施日：　　月　　日

命名のポイント

A. 置換基（枝分かれ）のない場合
① 主鎖の炭素数を数える
② 同じ炭素数をもつアルカンの語尾をン（-ne）からジイン（-diyne）に変える
　例：ヘキサン（hexane）
　　　→ヘキサジイン（hexadiyne）
③ 二つの三重結合の位置を確認し，最小になるよう位置番号をつける

```
　　　　　正しい番号のつけ方 ──→
　　　　　1  2  3  4  5  6
　　　　　C≡C-C-C≡C-C
　　　　　6  5  4  3  2  1
　　　　　←---- 間違った番号のつけ方

　　　1   2   3    4  5   6
　　　CH≡C-CH₂-C≡C-CH₃
```
・炭素数 6：hexane → hexadiyne
・三重結合の位置：1 位と 2 位，
　4 位と 5 位の炭素の間
　→ 1,4-ヘキサジイン

（参考）B. 置換基（枝分かれ）のある場合
① 主鎖の炭素数を数える

```
　　　正しい番号のつけ方 ──→
　　　1  2  3  4  5  6
　　　C≡C-C-C≡C-C
　　　　　　|
　　　　　　C
　　　6  5  4  3  2  1
　　　←---- 間違った番号のつけ方
```

② 同じ炭素数をもつアルカンの語尾をン（-ne）からジイン（-diyne）に変える
③ 二つの三重結合の位置を確認し，最小になるよう位置番号をつける
④ 置換基の種類と位置を確認する

```
　　1    2   3   4  5   6
　　CH≡C-CH-C≡C-CH₃
　　　　　 |
　　　　　CH₃ メチル基
```
・炭素数 6：hexane → hexadiyne
・三重結合の位置：1 位と 2 位，
　4 位と 5 位の炭素の間
・メチル基の位置：3 位の炭素
　→ 3-メチル-1,4-ヘキサジイン

・34 の化合物について，それぞれ IUPAC 名を答えよ．

34　ジイン　　　　　　　　　　目安時間 10 分

304. CH≡C-C≡CH

305. CH≡C-C≡C-CH₃

306. CH≡C-CH₂-C≡CH

307. CH≡C-C≡C-CH₂-CH₃

308. CH≡C-CH₂-C≡C-CH₃

309. CH≡C-CH₂-CH₂-C≡CH

310. CH₃-C≡C-C≡C-CH₃

Hint：三重結合の数と位置を確認しよう．

エンイン
二重結合と三重結合をもつ化合物

実施日：　月　日

命名のポイント

A. 置換基（枝分かれ）のない場合
① 主鎖の炭素数を数える
② 二重結合と三重結合の位置を確認し，最小になるよう位置番号をつける

```
        正しい番号のつけ方 →
          1 2 3 4 5 6
          C≡C－C－C＝C－C
          6 5 4 3 2 1
        ← 間違った番号のつけ方
```

> 二重結合と三重結合に同じ番号がつけられる場合，二重結合のほうに小さい番号をつける

③ アルケンとして命名する
　　例：ヘキサン（hexane）
　　　　→ ヘキセン（hexene）
④ 二重結合の位置番号をつける
⑤ アルケンの語尾に，「ハイフン（-）＋（三重結合の位置番号）＋イン」をつける

> 英語の場合は，アルケンの語尾「-e」を「-○-yne」に変える

```
    1  2    3    4  5   6
   CH≡C－CH₂－CH＝CH－CH₃
```

・炭素数6：hexane → hexene → hexen-○-yne
・二重結合の位置：4位と5位の炭素の間
・三重結合の位置：1位と2位の炭素の間
　→ 4-ヘキセン-1-イン

B. 置換基（枝分かれ）のある場合
① 主鎖の炭素数を数える
② 二重結合と三重結合の位置を確認し，最小になるよう位置番号をつける．

```
      1 2 3 4 5 6
      C≡C－C－C＝C－C
            |
            CH₃
```

③ アルケンとして命名する
④ 二重結合の位置番号をつける
⑤ アルケンの語尾に，「ハイフン（-）＋（三重結合の位置番号）＋イン」をつける
⑥ 置換基の種類と数を確認する
⑦ 置換基の位置を確認する

```
    1   2    3   4   5    6
   CH≡C－CH－CH＝CH－CH₃
           |
           CH₃  メチル基
```

・炭素数6：hexane → hexene → hexen-○-yne
・二重結合の位置：4位と5位の炭素の間
・三重結合の位置：1位と2位の炭素の間
・メチル基の位置：3位の炭素
　→ 3-メチル-4-ヘキセン-1-イン

・35～37の化合物について，それぞれIUPAC名を答えよ．

35　エンイン　　　　　　　　　　　　　目安時間 ⑩ 分

311. $CH≡C-CH=CH_2$

312. $CH≡C-CH=CH-CH_3$

―26―

313. CH₂=CH-C≡C-CH₃

314. CH₂=CH-CH₂-C≡CH

315. CH₂=CH-C≡C-CH₂-CH₃

316. CH≡C-CH=CH-CH₂-CH₃

317. CH₂=CH-CH₂-C≡C-CH₃

318. CH≡C-CH₂-CH=CH-CH₃

319. CH₂=CH-CH₂-CH₂-C≡CH

320. CH₃-CH=CH-C≡C-CH₃

321. CH₃-C≡C-CH=CH-CH₃

Hint：二重結合と三重結合の位置を確認しよう．

36 メチル基をもつエンイン（1） 目安時間 10 分

322. CH≡C-C(CH₃)=CH₂

323. CH≡C-CH₂-C(CH₃)-CH₃ (CH₃ substituent)

324. CH₂=C(CH₃)-C≡C-CH₃

325. CH₂=CH-CH(CH₃)-C≡CH

326. CH₂=CH-C≡C-CH(CH₃)-CH₃

327. CH≡C-C(CH₃)=CH-CH₂-CH₃

328. CH₂=CH-CH(CH₃)-C≡C-CH₃

329. CH≡C-CH₂-CH(CH₃)-CH₃ with C≡C...

328. CH₂=CH-CH(CH₃)-C≡C-CH₃

329. CH≡C-CH₂-CH=C(CH₃)-CH₃

330. CH₂=CH-CH(CH₃)-CH₂-C≡CH

331. CH₃-CH=C(CH₃)-C≡C-CH₃

332. CH₃-C≡C-C(CH₃)=CH-CH₃

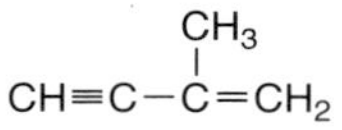

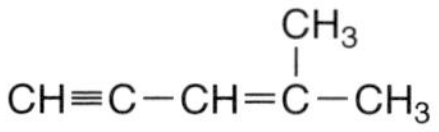

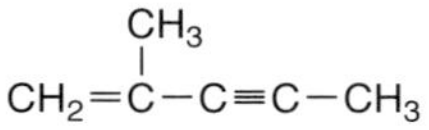

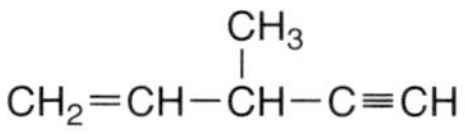

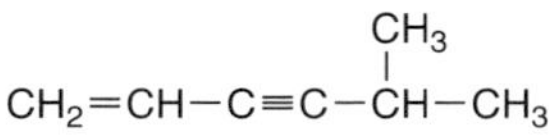

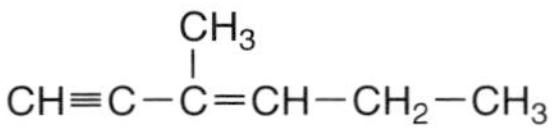

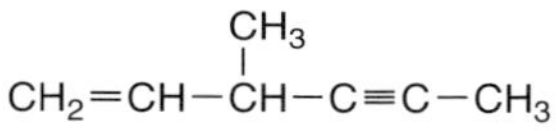

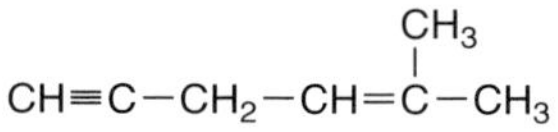

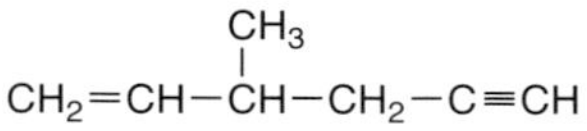

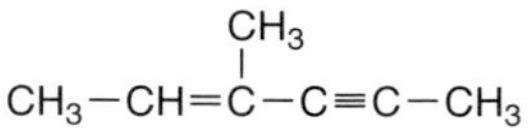

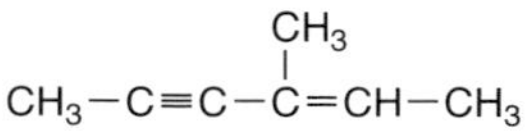

Hint：主鎖を正確に見きわめよう．

37 メチル基をもつエンイン（2）

目安時間 10 分

333. CH≡C-C(CH₃)=C(CH₃)-CH₃

334. CH₂=C(CH₃)-CH(CH₃)-C≡CH

335. CH₂=C(CH₃)-C≡C-CH(CH₃)-CH₃

336. CH₂=CH-C≡C-C(CH₃)(CH₃)-CH₃

337. CH≡C-C(CH₃)=C(CH₃)-CH₂-CH₃

338. CH≡C-C(CH₃)=CH-CH(CH₃)-CH₃

339. CH₂=C(CH₃)-CH(CH₃)-C≡C-CH₃

340. CH≡C-CH(CH₃)-CH=C(CH₃)-CH₃

341. CH₂=C(CH₃)-CH(CH₃)-CH₂-C≡CH

342. CH₂=CH-CH(CH₃)-CH(CH₃)-C≡CH

343. CH₃-C(CH₃)=C(CH₃)-C≡C-CH₃

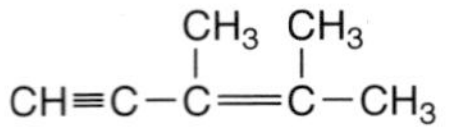

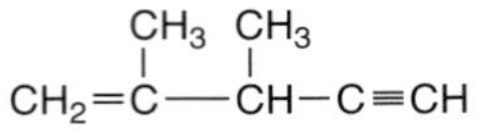

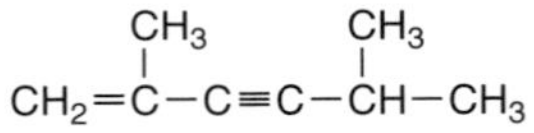

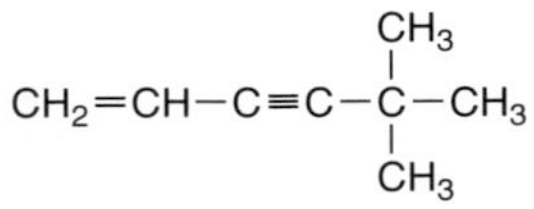

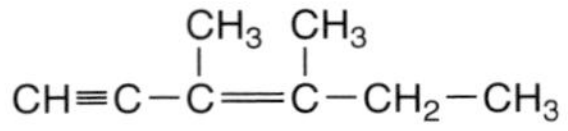

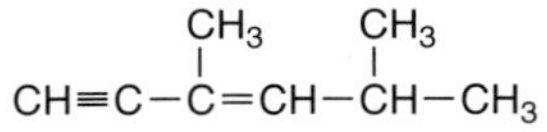

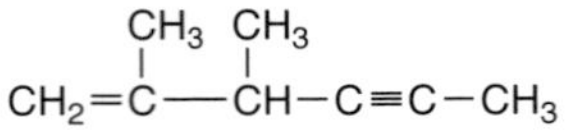

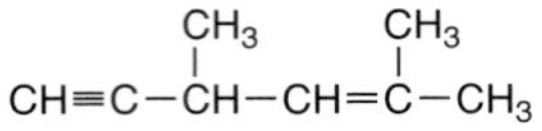

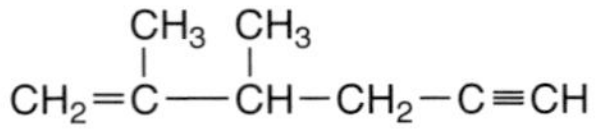

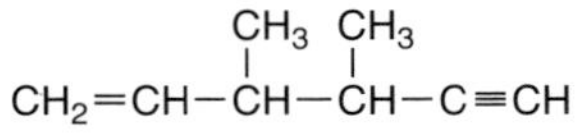

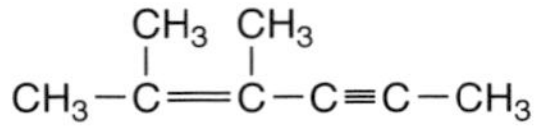

Hint：置換基の位置をよく確認しよう。

アルコール
ヒドロキシ基をもつ化合物

実施日：　月　　日

命名のポイント

A. ヒドロキシ基以外に置換基（枝分かれ）のない場合

① 主鎖の炭素数を数える
② 同じ炭素数のアルカンの語尾（-e）をオール（-ol）に変える
　例：ヘキサン（hexan<u>e</u>）
　　　→ ヘキサノール（hexan<u>ol</u>）
③ 炭素数が3以上の場合，ヒドロキシ基の位置番号が最小になるよう数字をつける

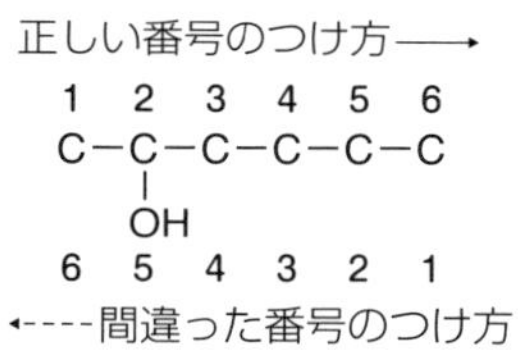

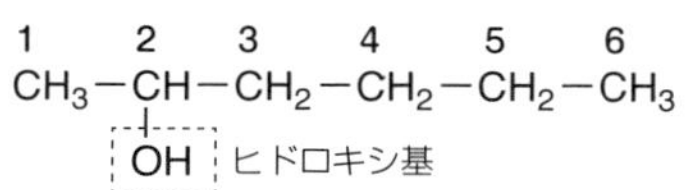

```
　　　正しい番号のつけ方 →
　　　1  2  3  4  5  6
　　　C－C－C－C－C－C
　　　　　│
　　　　　OH
　　　6  5  4  3  2  1
　　　← 間違った番号のつけ方
```

```
　　　1      2      3      4      5      6
　　CH₃－CH－CH₂－CH₂－CH₂－CH₃
　　　　　│
　　　　　OH ヒドロキシ基
```
・炭素数6：hexane → hexanol
・ヒドロキシ基の位置：2位の炭素
　→ 2-ヘキサノール

B. ヒドロキシ基以外にハロゲン基やアルキル基のある場合

① ヒドロキシ基のついた主鎖の炭素数を数える

```
　　　正しい番号のつけ方 →
　　　1  2  3  4  5  6
　　　C－C－C－C－C－C
　　　　│      │
　　　　OH     C
　　　6  5  4  3  2  1
　　　← 間違った番号のつけ方
```

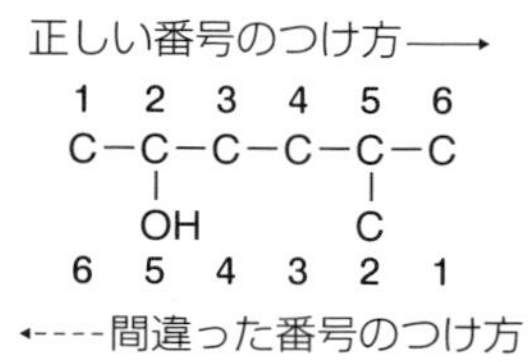

② アルカンの語尾（-e）をオール（-ol）に変える
③ ヒドロキシ基の位置番号が最小になるよう数字をつける
④ 置換基の種類と数を確認する
⑤ 置換基の位置を確認する

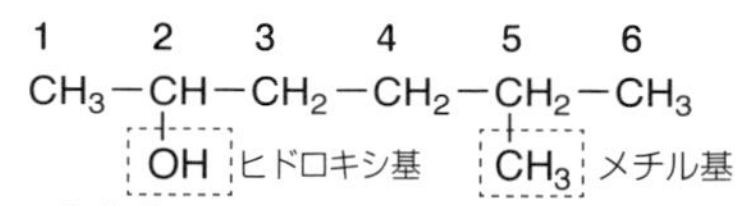

```
　　　1      2      3      4      5      6
　　CH₃－CH－CH₂－CH₂－CH－CH₃
　　　　　│                     │
　　　　　OH ヒドロキシ基　　CH₃ メチル基
```
・炭素数6：hexane → hexanol
・ヒドロキシ基の位置：2位の炭素
・メチル基の位置：5位の炭素
　→ 5-メチル-2-ヘキサノール

・38〜44の化合物について，それぞれIUPAC名を答えよ．

38 直鎖アルコール　　　　　　　　　　　　　目安時間 10 分

344. CH₃－OH

345. CH₃－CH₂－OH

346. CH₃－CH₂－CH₂－OH

347. CH₃－CH－CH₃
　　　　　│
　　　　　OH

348. CH₃－CH₂－CH₂－CH₂－OH

349. CH₃－CH₂－CH－CH₃
　　　　　　　　│
　　　　　　　　OH

— 29 —

10章 アルコール

350. $CH_3-CH_2-CH_2-CH_2-CH_2-OH$

351. $CH_3-CH_2-CH_2-\underset{OH}{CH}-CH_3$

352. $CH_3-CH_2-\underset{OH}{CH}-CH_2-CH_3$

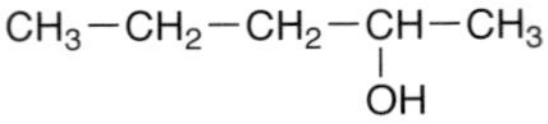

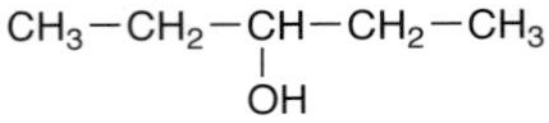

353. $CH_3-CH_2-CH_2-CH_2-CH_2-CH_2-OH$

354. $CH_3-CH_2-CH_2-CH_2-\underset{OH}{CH}-CH_3$

355. $CH_3-CH_2-CH_2-\underset{OH}{CH}-CH_2-CH_3$

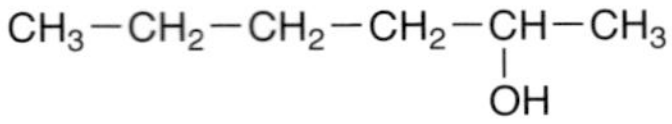

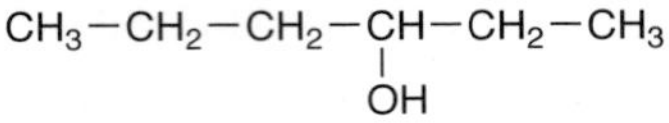

!Hint：ヒドロキシ基の位置を確かめよう．

39 クロロ基をもつ直鎖アルコール（1）

目安時間 分

356. $Cl-CH_2-OH$

357. $Cl-CH_2-CH_2-OH$

358. $CH_3-\underset{}{\overset{Cl}{CH}}-OH$

359. $CH_3-CH_2-\underset{Cl}{CH}-OH$

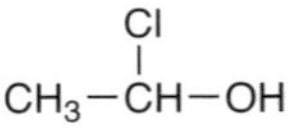

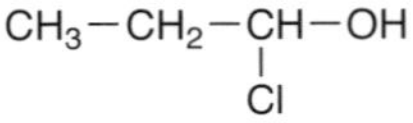

360. $Cl-CH_2-CH_2-CH_2-OH$

361. $CH_3-\underset{Cl}{CH}-CH_2-OH$

362. $CH_3-\underset{OH}{\overset{Cl}{C}}-CH_3$

363. $Cl-CH_2-\underset{OH}{CH}-CH_3$

364. $CH_3-CH_2-\underset{Cl}{CH}-CH_2-OH$

365. $CH_3-CH_2-CH_2-\underset{Cl}{CH}-OH$

366. $Cl-CH_2-CH_2-CH_2-CH_2-OH$

367. $CH_3-\underset{Cl}{CH}-CH_2-CH_2-OH$

368. $Cl-CH_2-CH_2-\underset{OH}{CH}-CH_3$

369. $CH_3-\underset{Cl}{CH}-\underset{OH}{CH}-CH_3$

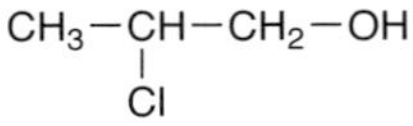

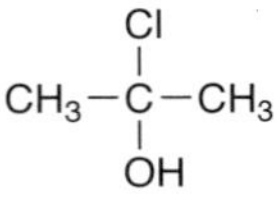

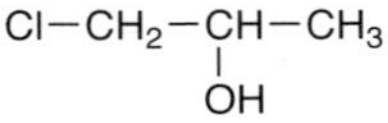

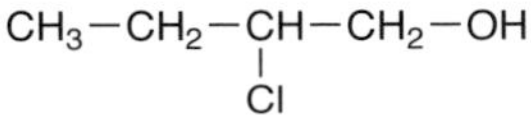

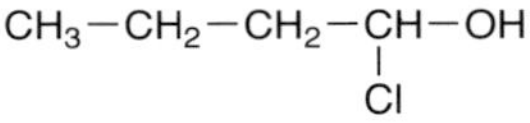

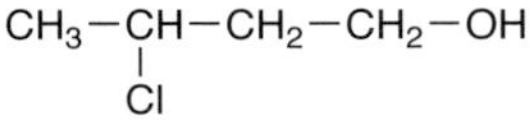

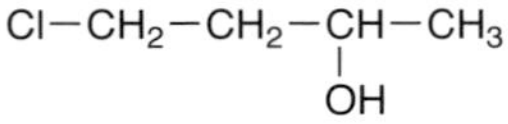

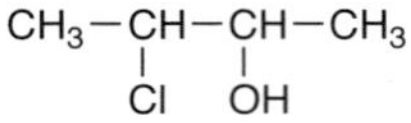

370.
```
        Cl
        |
CH₃-CH₂-C-CH₃
        |
        OH
```

371.
```
CH₃-CH₂-CH-CH₂-Cl
        |
        OH
```

!Hint：まずアルコールとして命名し，その後クロロ基の位置を確かめよう．

40 クロロ基をもつ直鎖アルコール（2）

目安時間 分

372.
```
Cl-CH₂-CH₂-CH-CH₂-CH₃
              |
              OH
```

373.
```
CH₃-CH-CH-CH₂-CH₃
    |  |
    Cl OH
```

374.
```
        Cl
        |
CH₃-CH₂-C-CH₂-CH₃
        |
        OH
```

375.
```
CH₃-CH₂-CH₂-CH-CH₂-OH
            |
            Cl
```

376.
```
CH₃-CH₂-CH₂-CH₂-CH-OH
                |
                Cl
```

377.
```
CH₃-CH₂-CH-CH₂-CH₂-OH
        |
        Cl
```

378.
```
CH₃-CH-CH₂-CH₂-CH₂-OH
    |
    Cl
```

379. Cl-CH₂-CH₂-CH₂-CH₂-OH

380.
```
Cl-CH₂-CH₂-CH₂-CH-CH₃
                |
                OH
```

381.
```
CH₃-CH-CH₂-CH-CH₃
    |      |
    Cl     OH
```

382.
```
CH₃-CH₂-CH-CH-CH₃
         |  |
         Cl OH
```

383.
```
            Cl
            |
CH₃-CH₂-CH₂-C-CH₃
            |
            OH
```

384.
```
CH₃-CH₂-CH₂-CH-CH₂-Cl
            |
            OH
```

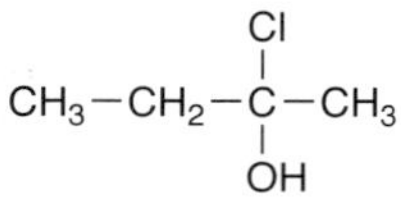

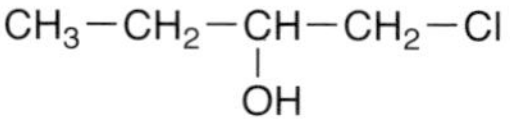

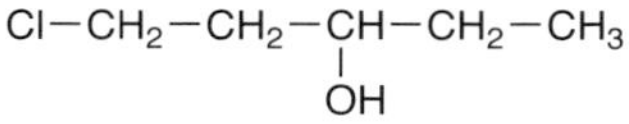

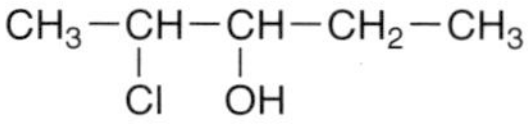

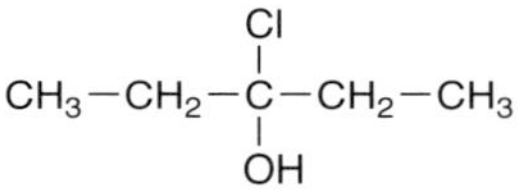

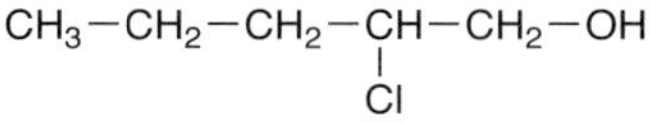

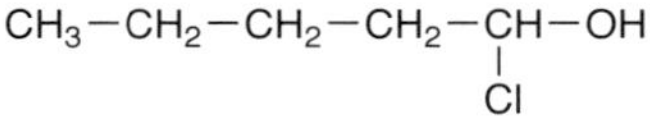

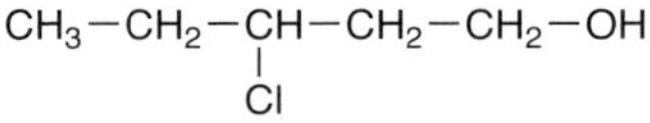

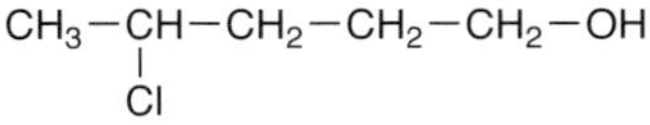

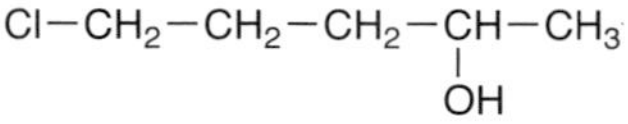

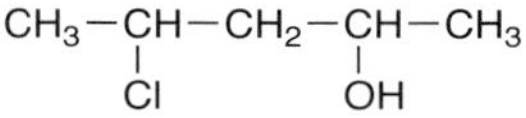

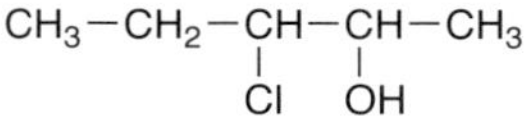

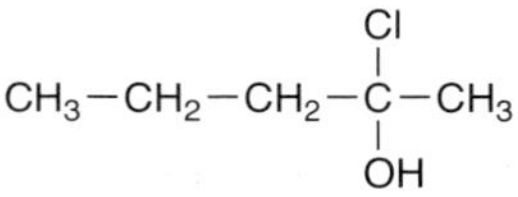

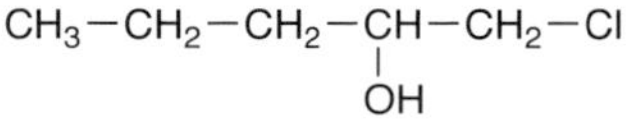

!Hint：まずアルコールとして命名し，その後クロロ基の位置を確かめよう．

41 クロロ基をもつ直鎖アルコール（3）

目安時間 15 分

385. Cl―CH₂―CH₂―CH₂―CH₂―CH₂―CH₂―OH

386. CH₃―CH―CH₂―CH₂―CH₂―CH₂―OH
　　　　　｜
　　　　　Cl

387. CH₃―CH₂―CH―CH₂―CH₂―CH₂―OH
　　　　　　　　｜
　　　　　　　　Cl

388. CH₃―CH₂―CH₂―CH―CH₂―CH₂―OH
　　　　　　　　　　　｜
　　　　　　　　　　　Cl

389. CH₃―CH₂―CH₂―CH₂―CH―CH₂―OH
　　　　　　　　　　　　　　｜
　　　　　　　　　　　　　　Cl

390. CH₃―CH₂―CH₂―CH₂―CH₂―CH―OH
　　　　　　　　　　　　　　　　｜
　　　　　　　　　　　　　　　　Cl

391. Cl―CH₂―CH₂―CH₂―CH₂―CH―CH₃
　　　　　　　　　　　　　　　　｜
　　　　　　　　　　　　　　　　OH

392. CH₃―CH―CH₂―CH₂―CH―CH₃
　　　　　｜　　　　　　　｜
　　　　　Cl　　　　　　　OH

393. CH₃―CH₂―CH―CH₂―CH―CH₃
　　　　　　　　｜　　　　｜
　　　　　　　　Cl　　　　OH

394. CH₃―CH₂―CH₂―CH―CH―CH₃
　　　　　　　　　　　｜　｜
　　　　　　　　　　　Cl　OH

395. 　　　　　　　　　　　Cl
　　　　　　　　　　　　　｜
　　　CH₃―CH₂―CH₂―CH₂―C―CH₃
　　　　　　　　　　　　　｜
　　　　　　　　　　　　　OH

396. CH₃―CH₂―CH₂―CH―CH₂―CH₂―Cl
　　　　　　　　　　　｜
　　　　　　　　　　　OH

397. Cl―CH₂―CH₂―CH₂―CH―CH₂―CH₃
　　　　　　　　　　　　　｜
　　　　　　　　　　　　　OH

398. CH₃―CH―CH₂―CH―CH₂―CH₃
　　　　　｜　　　　｜
　　　　　Cl　　　　OH

399. CH₃―CH₂―CH―CH―CH₂―CH₃
　　　　　　　　｜　｜
　　　　　　　　Cl　OH

400. 　　　　　　　　Cl
　　　　　　　　　｜
　　　CH₃―CH₂―CH₂―C―CH₂―CH₃
　　　　　　　　　｜
　　　　　　　　　OH

401. CH₃―CH₂―CH₂―CH―CH―CH₃
　　　　　　　　　　　｜　｜
　　　　　　　　　　　OH　Cl

402. CH₃―CH₂―CH₂―CH―CH₂―CH₂―Cl
　　　　　　　　　　　｜
　　　　　　　　　　　OH

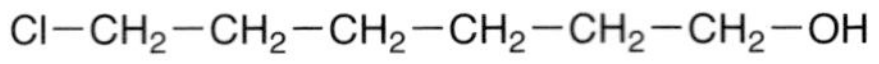

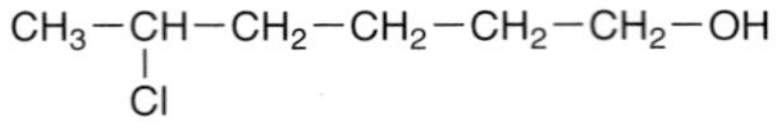

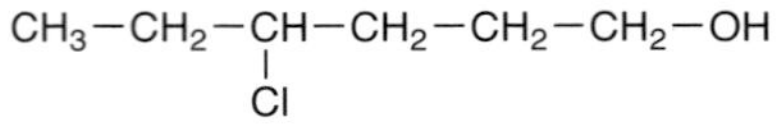

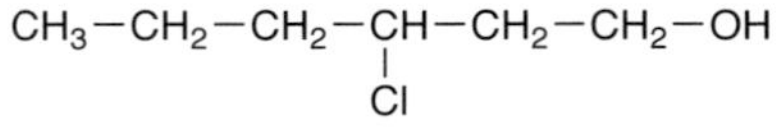

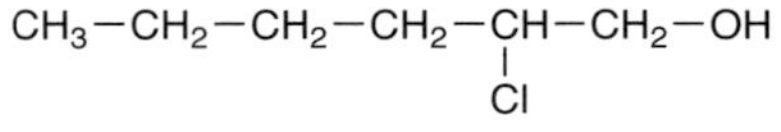

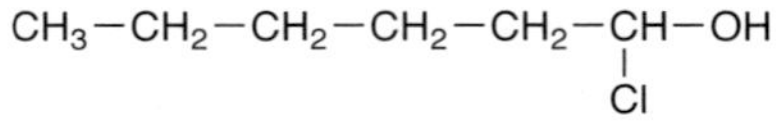

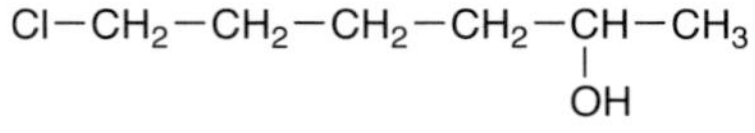

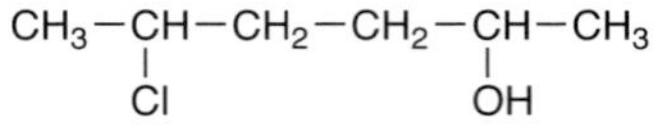

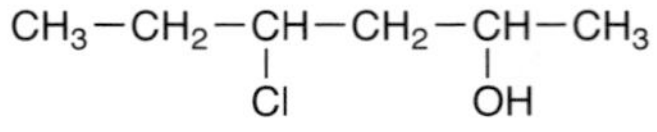

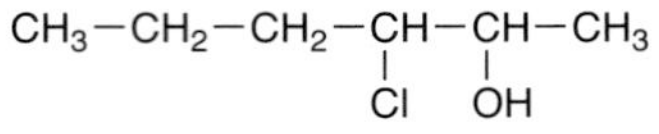

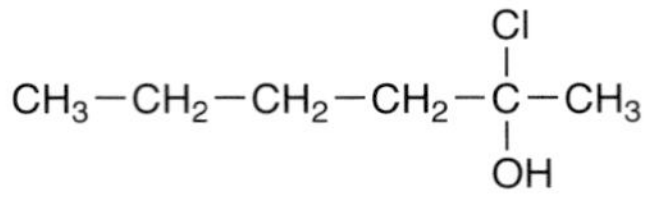

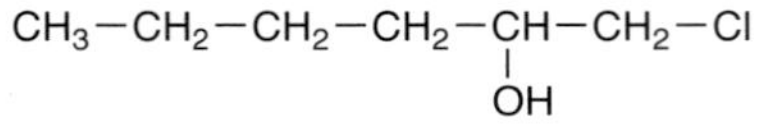

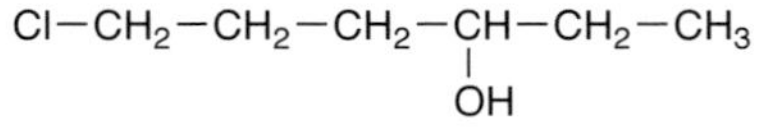

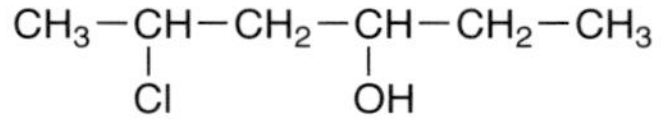

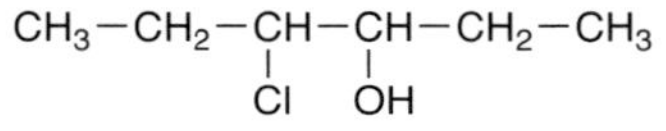

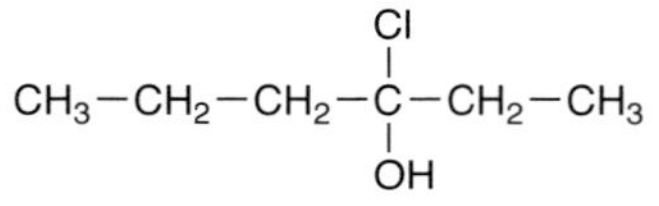

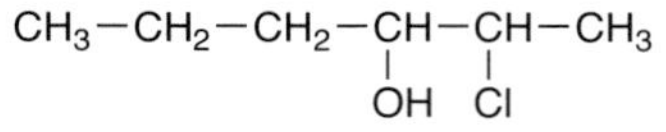

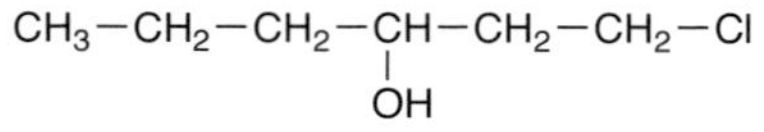

Hint：まずアルコールとして命名し、その後クロロ基の位置を確かめよう。

10章 アルコール

42 メチル基をもつアルコール（1）　目安時間 10分

403. $CH_3-CH(CH_3)-CH_2-OH$

404. $CH_3-C(CH_3)(OH)-CH_3$

405. $CH_3-CH_2-CH(CH_3)-CH_2-OH$

406. $CH_3-CH(CH_3)-CH_2-CH_2-OH$

407. $CH_3-CH(CH_3)-CH(OH)-CH_3$

408. $CH_3-CH_2-C(CH_3)(OH)-CH_3$

!Hint：ヒドロキシ基のついた主鎖を探そう．

43 メチル基をもつアルコール（2）　目安時間 10分

409. $CH_3-CH_2-C(CH_3)(OH)-CH_2-CH_3$

410. $CH_3-CH(CH_3)-CH(OH)-CH_2-CH_3$

411. $CH_3-CH(CH_3)-CH_2-CH_2-CH_2-OH$

412. $CH_3-CH_2-CH(CH_3)-CH_2-CH_2-OH$

413. $CH_3-CH_2-CH_2-CH(CH_3)-CH_2-OH$

414. $CH_3-CH(CH_3)-CH_2-CH(OH)-CH_3$

415. $CH_3-CH_2-CH(CH_3)-CH(OH)-CH_3$

416. $CH_3-CH_2-CH_2-C(CH_3)(OH)-CH_3$

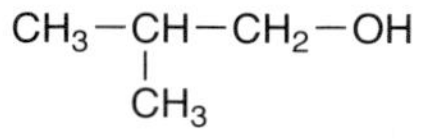

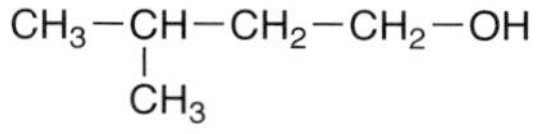

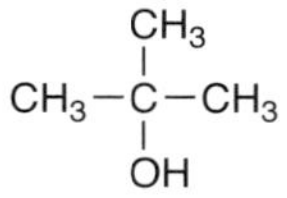

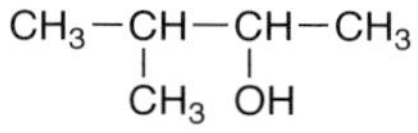

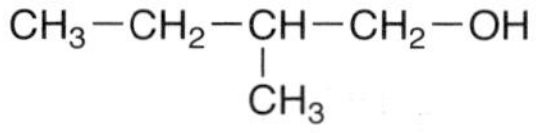

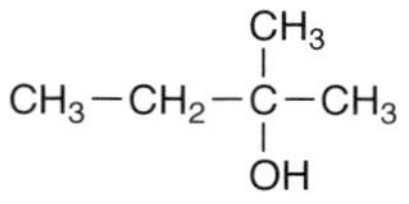

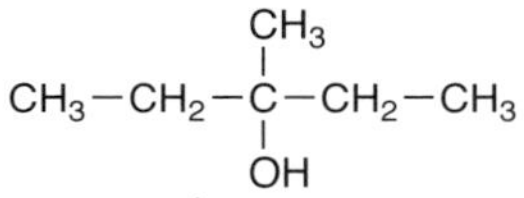

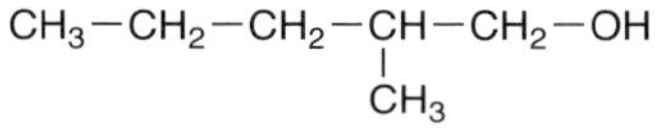

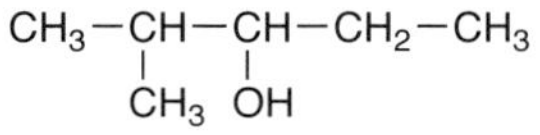

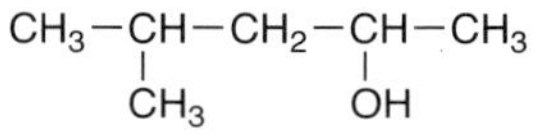

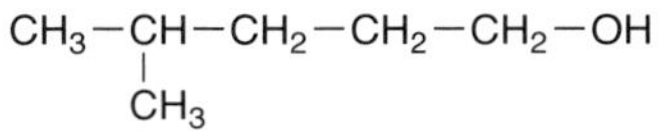

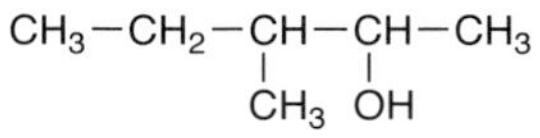

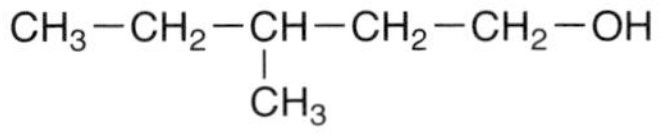

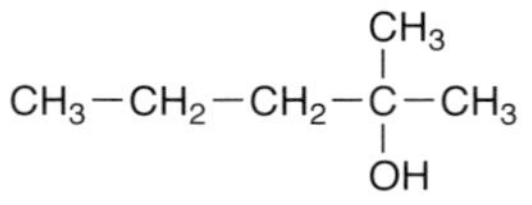

!Hint：ヒドロキシ基のついた主鎖を探そう．

44 メチル基をもつアルコール（3）

目安時間 15 分

417.
```
      CH₃
       |
CH₃ - C - CH₂ - CH - CH₃
       |         |
       OH        CH₃
```

418.
```
       CH₃
        |
CH₃ - CH - CH - CH - CH₃
            |    |
            CH₃  OH
```

419.
```
             OH
              |
CH₃ - CH₂ - C - CH - CH₃
              |   |
              CH₃ CH₃
```

420.
```
            CH₃ OH
             |   |
CH₃ - CH₂ - CH - C - CH₃
                 |
                 CH₃
```

421.
```
      CH₃        OH
       |          |
CH₃ - CH - CH₂ - CH - CH - CH₃
                       |
                       CH₃
```

422.
```
             OH  CH₃
              |   |
CH₃ - CH₂ - CH - CH - CH - CH₃
                       |
                       CH₃
```

423.
```
                    CH₃
                     |
CH₃ - CH₂ - CH₂ - C - CH - CH₃
                     |   |
                     CH₃ OH
```

424.
```
                  CH₃ OH
                   |   |
CH₃ - CH₂ - CH₂ - CH - C - CH₃
                       |
                       CH₃
```

425.
```
      CH₃
       |
CH₃ - C - CH₂ - CH₂ - CH - CH₃
       |                |
       CH₃              OH
```

426.
```
      OH
       |
CH₃ - CH - CH - CH₂ - CH - CH₃
            |         |
            CH₃       CH₃
```

427.
```
      OH
       |
CH₃ - C - CH₂ - CH - CH₂ - CH₃
       |         |
       CH₃       CH₃
```

428.
```
            CH₃       CH₃
             |         |
CH₃ - CH₂ - C - CH - CH - CH₃
             |    |
             CH₃  OH
```

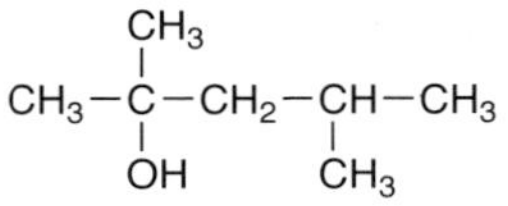

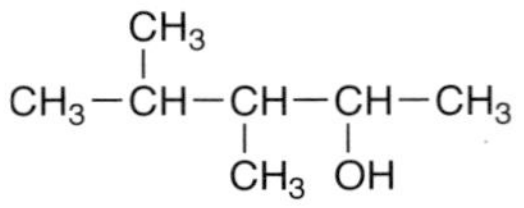

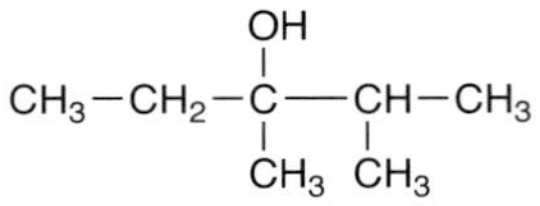

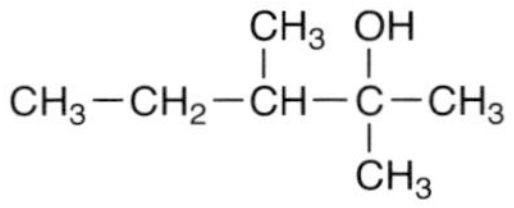

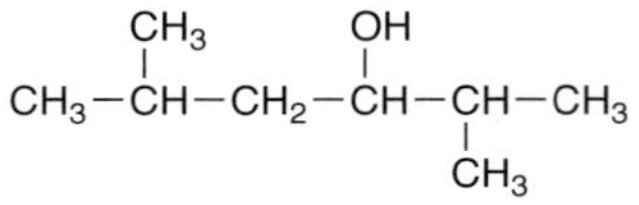

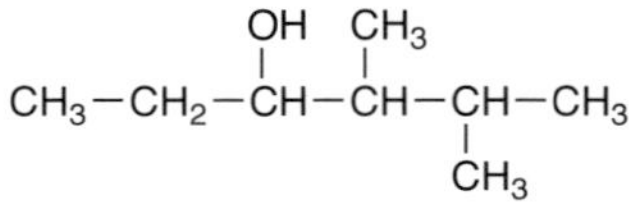

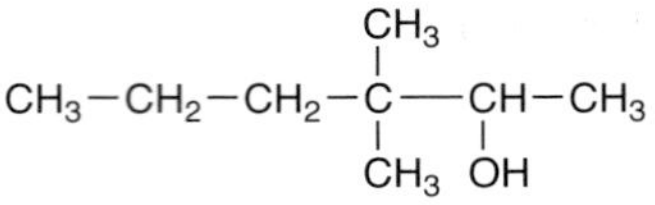

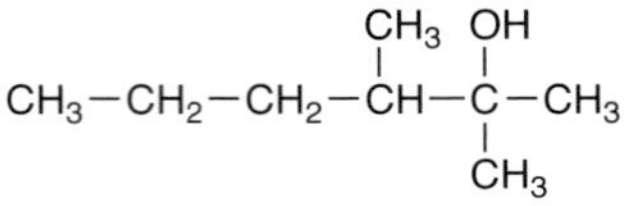

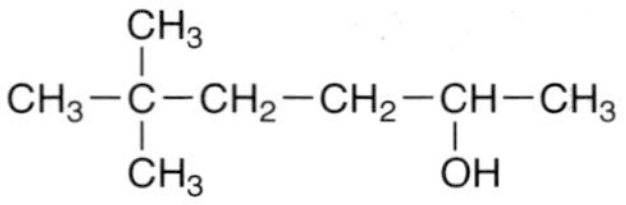

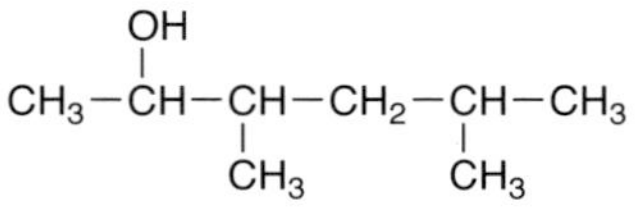

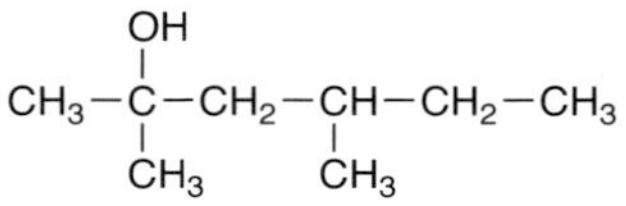

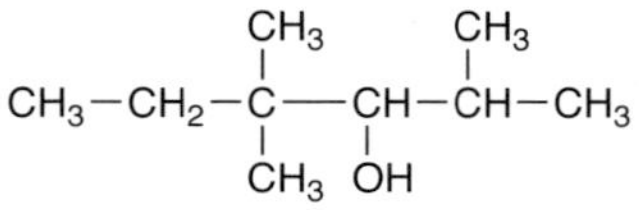

!Hint：ヒドロキシ基のついた主鎖を見きわめよう．まずはアルコールとして命名し，その後メチル基の数と位置を確かめよう．

エーテル
エーテル結合をもつ化合物

実施日：　　月　　日

命名のポイント

A. 酸素原子の両側に直鎖のアルキル基をもつ場合

① 酸素原子の両側にある二つの炭素鎖の炭素数を数える
② 炭素数の多いほうを主鎖，少ないほうを酸素原子を含めた置換基として考える
③ 主鎖をアルカンとして名前をつける

正しい主鎖のとり方
置換基（エトキシ）　主鎖（プロパン）
炭素数2　C-C-O-C-C-C　炭素数3

主鎖（エタン）置換基（プロポキシ）
間違った主鎖のとり方

④ アルキル基のイル（-yl）をオキシ（-oxy）に変え，置換基〔アルコキシ基（-OR）〕として名前をつける

　例：-C₂H₅ (eth$\underline{yl}$：エチル)
　　→ -OC₂H₅ (eth$\underline{oxy}$：エトキシ)

⑤ 主鎖の炭素数が3以上の場合，アルコキシ基の位置番号が最小になるよう番号をつける

エトキシ基　　1　2　3
CH₃-CH₂-O-CH₂-CH₂-CH₃

- 主鎖（炭素数3）：propane
- アルコキシ基：ethyl → ethoxy（エトキシ基）
- エトキシ基の位置：1位の炭素
  → 1-エトキシプロパン

B. 酸素原子の両側にある炭素鎖に置換基や枝分かれのある場合

① 酸素原子の両側にある二つの炭素鎖（直鎖）の炭素数を数える
② 炭素数の多いほうを主鎖，少ないほうを酸素原子を含めた置換基として考える
③ 主鎖をアルカンとして名前をつける

置換基（エトキシ）　主鎖（プロパン）
C-C-O-C-C-C
　　　　　　C］置換基（メチル）

④ アルコキシ基に名前をつける
⑤ 置換基の種類と数を確認する
⑥ 置換基の位置番号が最小になるよう番号をつける

エトキシ基　　1　2　3
CH₃-CH₂-O-CH₂-CH₂-CH₃
　　　　　　　　　CH₃ メチル基

- 主鎖（炭素数3）：propane
- アルコキシ基：ethyl → ethoxy（エトキシ基）
- エトキシ基の位置：1位の炭素
- メチル基の位置：2位の炭素
  → 1-エトキシ-2-メチルプロパン

・45〜48の化合物について，それぞれIUPAC名を答えよ．

45　直鎖エーテル

目安時間 分

429. CH₃-O-CH₃

430. CH₃-O-CH₂-CH₃

11章 エーテル

431. $CH_3-O-CH_2-CH_2-CH_3$

432. $CH_3-CH_2-O-CH_2-CH_3$

433. $CH_3-O-CH_2-CH_2-CH_2-CH_3$

434. $CH_3-CH_2-O-CH_2-CH_2-CH_3$

435. $CH_3-O-CH_2-CH_2-CH_2-CH_3$

436. $CH_3-CH_2-O-CH_2-CH_2-CH_3$

437. $CH_3-CH_2-CH_2-O-CH_2-CH_2-CH_3$

Hint：酸素原子の両側にある炭素鎖の炭素数を数えよう．

46 メチル基をもつ直鎖エーテル（1）

目安時間 **10** 分

438. $CH_3-O-\underset{\underset{CH_3}{|}}{CH}-CH_3$

439. $CH_3-O-\underset{\underset{CH_3}{|}}{CH}-CH_2-CH_3$

440. $CH_3-O-CH_2-\underset{\underset{CH_3}{|}}{CH}-CH_3$

441. $CH_3-CH_2-O-\underset{\underset{CH_3}{|}}{CH}-CH_3$

442. $CH_3-O-\underset{\underset{CH_3}{|}}{CH}-CH_2-CH_2-CH_3$

443. $CH_3-O-CH_2-\underset{\underset{CH_3}{|}}{CH}-CH_2-CH_3$

444. $CH_3-O-CH_2-CH_2-\underset{\underset{CH_3}{|}}{CH}-CH_3$

445. $CH_3-CH_2-O-\underset{\underset{CH_3}{|}}{CH}-CH_2-CH_3$

446. $CH_3-CH_2-O-CH_2-\underset{\underset{CH_3}{|}}{CH}-CH_3$

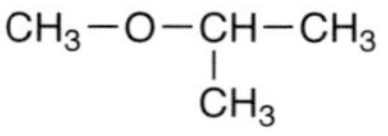

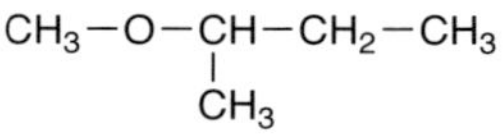

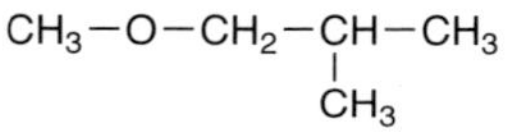

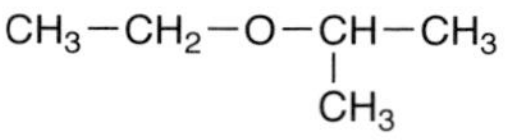

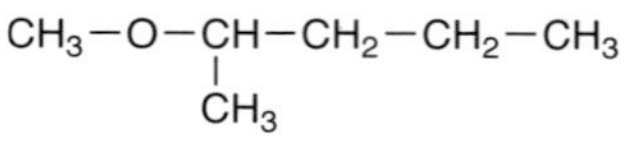

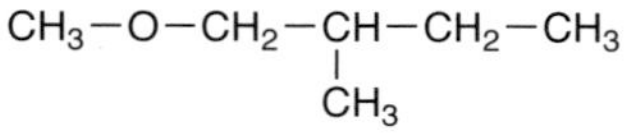

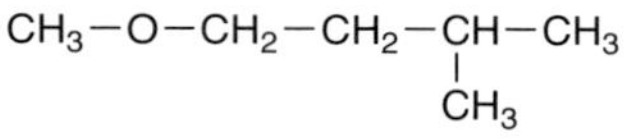

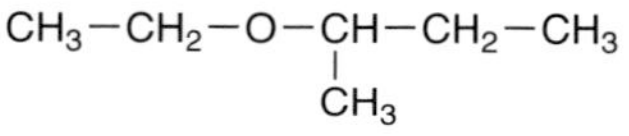

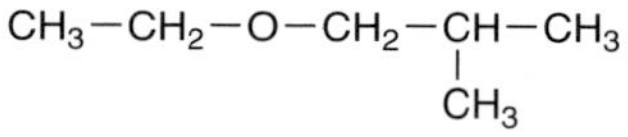

Hint：どちら側が主鎖になるか見きわめよう．

47 メチル基をもつ直鎖エーテル（2）

447. CH₃-C(CH₃)(OCH₃)-CH₂-CH(CH₃)-CH₃

448. CH₃-CH(CH₃)-CH(CH₃)-CH(OCH₃)-CH₃

449. CH₃-CH₂-C(CH₃)(CH₃)-CH(OCH₃)-CH₃

450. CH₃-CH₂-CH(CH₃)-C(OCH₃)(CH₃)-CH₃

451. CH₃-CH(CH₃)-CH₂-CH(OCH₃)-CH(CH₃)-CH₃

452. CH₃-CH₂-CH(CH₃)-CH(OCH₃)-CH(CH₃)-CH₃

453. CH₃-CH₂-CH₂-C(CH₃)(CH₃)-CH(OCH₃)-CH₃

454. CH₃-CH₂-CH₂-CH(CH₃)-C(OCH₃)(CH₃)-CH₃

455. CH₃-C(CH₃)(CH₃)-CH₂-CH₂-CH(OCH₃)-CH₃

456. CH₃-CH(OCH₃)-CH(CH₃)-CH₂-CH(CH₃)-CH₃

457. CH₃-C(OCH₃)(CH₃)-CH₂-CH(CH₃)-CH₂-CH₃

458. CH₃-CH₂-C(CH₃)(CH₃)-CH(OCH₃)-CH(CH₃)-CH₃

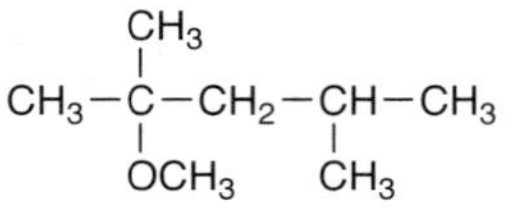

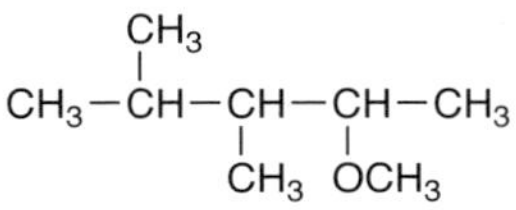

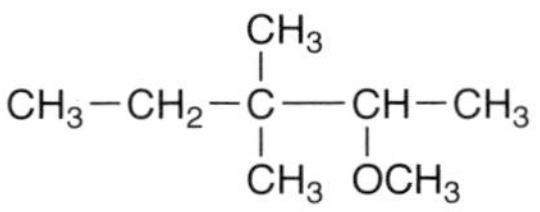

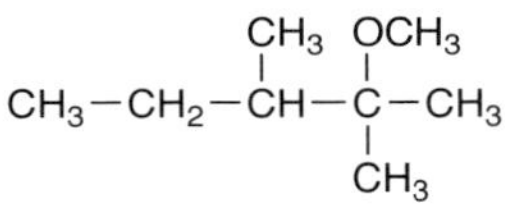

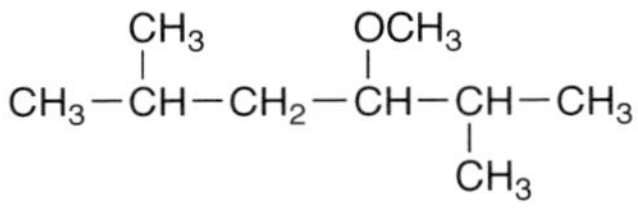

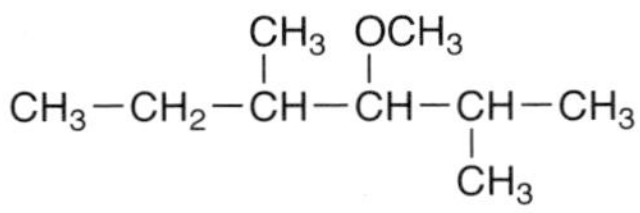

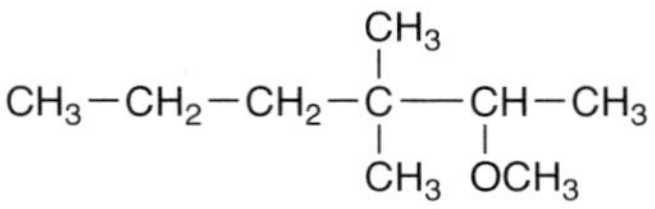

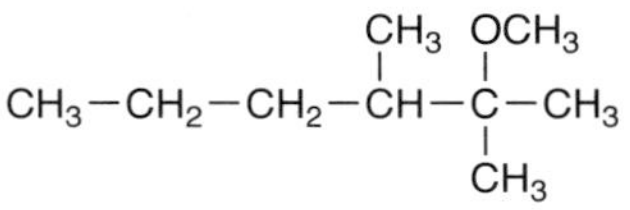

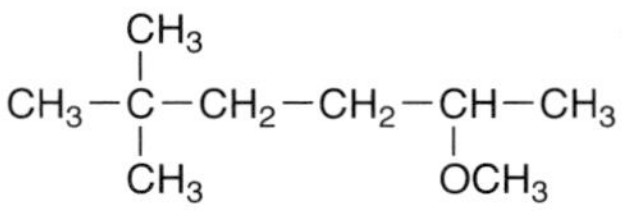

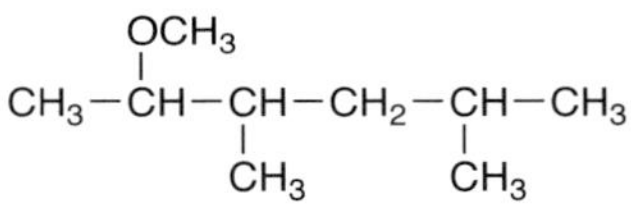

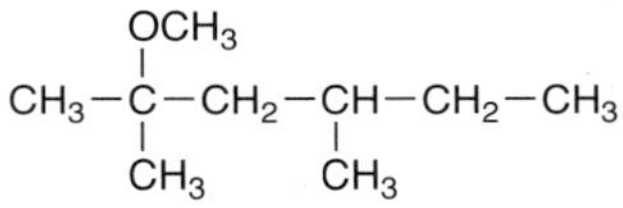

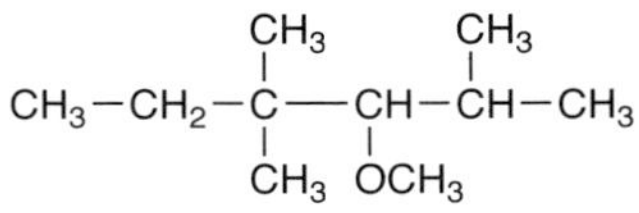

Hint：まずは酸素原子の位置を確認しよう。枝分かれが多いので，時間をかけて主鎖を見きわめよう．

11章 エーテル

48 複数種類の置換基をもつ直鎖エーテル　目安時間 15分

459. $CH_3-\underset{\underset{OCH_3}{|}}{\overset{\overset{Cl}{|}}{C}}-CH_2-\underset{\underset{CH_3}{|}}{CH}-CH_3$

460. $CH_3-\underset{\underset{CH_3}{|}}{\overset{\overset{Cl}{|}}{CH}}-\underset{\underset{OCH_3}{|}}{CH}-CH_2-CH_3$

461. $CH_3-CH_2-\underset{\underset{CH_3}{|}}{\overset{\overset{Cl}{|}}{C}}-\underset{\underset{OCH_3}{|}}{CH}-CH_3$

462. $CH_3-CH_2-\underset{\underset{}{}}{\overset{\overset{CH_3}{|}}{CH}}-\underset{\underset{Cl}{|}}{\overset{\overset{OCH_3}{|}}{C}}-CH_3$

463. $CH_3-\underset{\underset{}{}}{\overset{\overset{CH_3}{|}}{CH}}-CH_2-\underset{\underset{Cl}{|}}{\overset{\overset{OCH_3}{|}}{CH}}-CH_3$

464. $CH_3-CH_2-\overset{\overset{Cl}{|}}{CH}-\underset{\underset{CH_3}{|}}{\overset{\overset{OCH_3}{|}}{CH}}-CH_3$

465. $CH_3-CH_2-CH_2-\underset{\underset{CH_3}{|}}{\overset{\overset{Cl}{|}}{C}}-\underset{\underset{OCH_3}{|}}{CH}-CH_3$

466. $CH_3-CH_2-CH_2-\overset{\overset{Cl}{|}}{CH}-\underset{\underset{CH_3}{|}}{\overset{\overset{OCH_3}{|}}{C}}-CH_3$

467. $\underset{\underset{Cl}{|}}{\overset{\overset{CH_3}{|}}{CH_3-C}}-CH_2-CH_2-\underset{\underset{OCH_3}{|}}{CH}-CH_3$

468. $CH_3-\underset{\underset{Cl}{|}}{\overset{\overset{OCH_3}{|}}{CH}}-CH-CH_2-\underset{\underset{CH_3}{|}}{CH}-CH_3$

469. $CH_3-\underset{\underset{CH_3}{|}}{\overset{\overset{OCH_3}{|}}{C}}-CH_2-\underset{\underset{Cl}{|}}{CH}-CH_2-CH_3$

470. $CH_3-CH_2-\underset{\underset{Cl}{|}}{\overset{\overset{CH_3}{|}}{C}}-\underset{\underset{OCH_3}{|}}{\overset{\overset{CH_3}{|}}{CH}}-CH-CH_3$

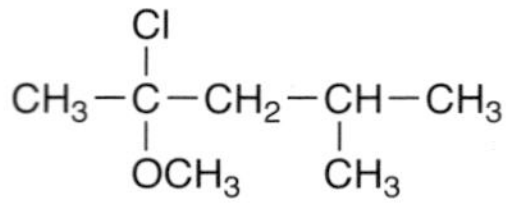

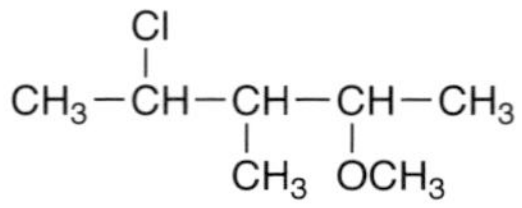

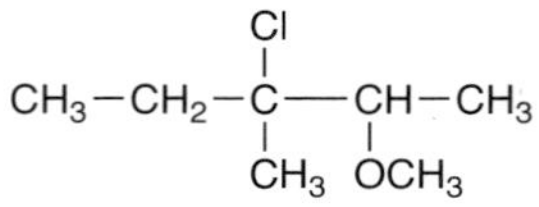

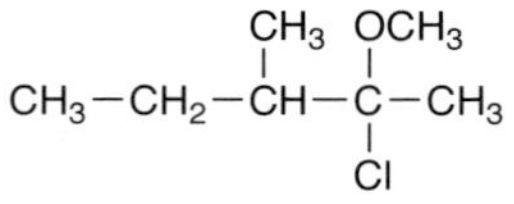

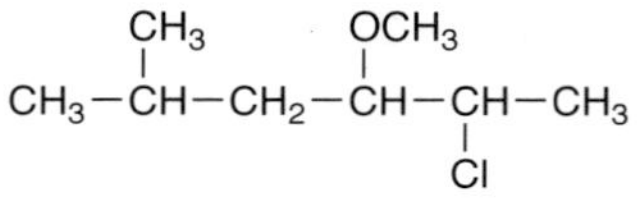

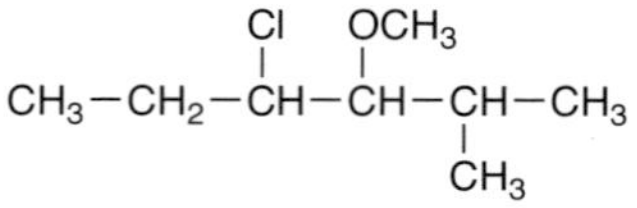

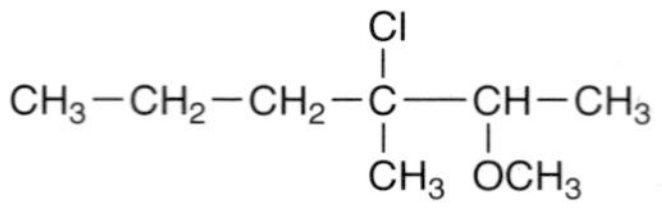

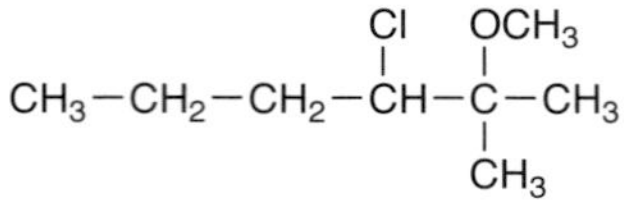

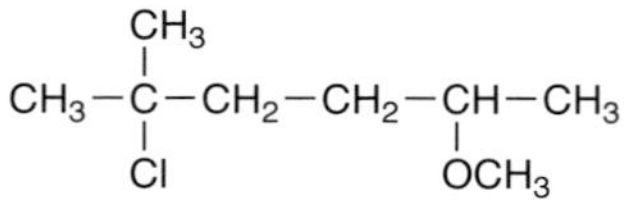

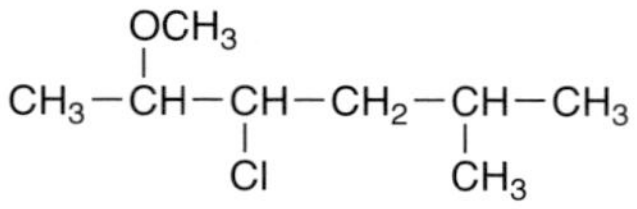

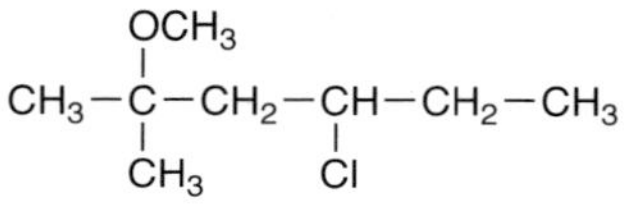

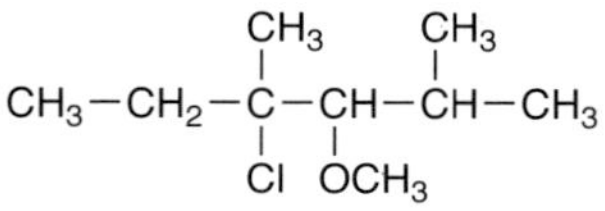

Hint：酸素原子を探し，主鎖を見きわめよう．複数種類の置換基があるときはアルファベット順に並べる．

12 アミン
アミノ基をもつ化合物

実施日： 月 日

命名のポイント

A. アミノ基以外の置換基（枝分かれ）がない場合

①主鎖の炭素数を数える
②同じ炭素数のアルカンの語尾（-e）をアミン（-amine）に変える
　例：ヘキサン（hexan<u>e</u>）
　　　→ ヘキサンアミン（hexan<u>amine</u>）
③炭素数が3以上の場合，アミノ基の位置番号が最小になるよう番号をつける

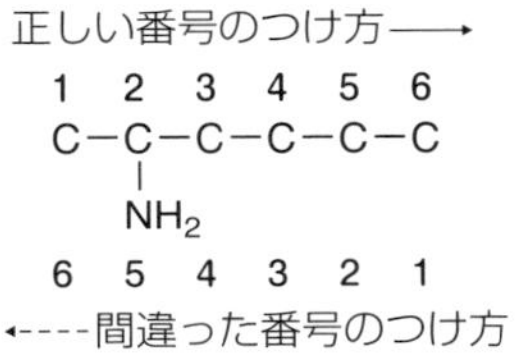

```
          正しい番号のつけ方→
          1 2 3 4 5 6
          C-C-C-C-C-C
              |
              NH₂
          6 5 4 3 2 1
          ←----間違った番号のつけ方

          1   2   3    4    5    6
          CH₃-CH-CH₂-CH₂-CH₂-CH₃
              |
              NH₂ アミノ基
```
- 炭素数6：hexane → hexanamine
- アミノ基の位置：2位の炭素
　→ 2-ヘキサンアミン

B. アミノ基を一つもち，ハロゲン基やアルキル基のある場合

①主鎖の炭素数を数える

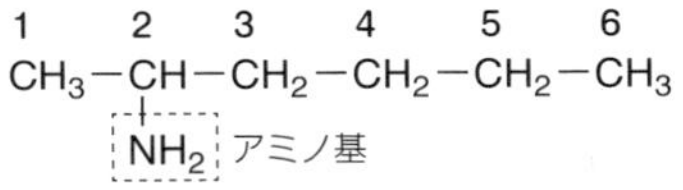

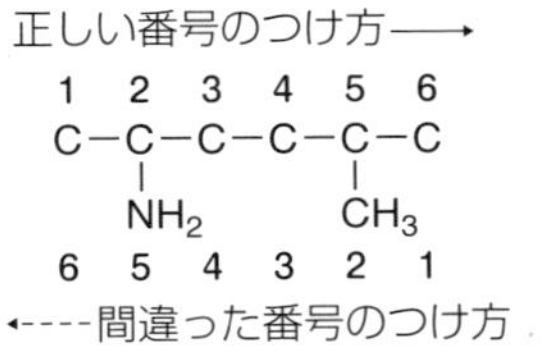

```
          正しい番号のつけ方→
          1 2 3 4 5 6
          C-C-C-C-C-C
              |     |
              NH₂   CH₃
          6 5 4 3 2 1
          ←----間違った番号のつけ方
```

②同じ炭素数のアルカンの語尾（-e）をアミン（-amine）に変える
③アミノ基の位置番号が最小になるよう番号をつける
④置換基の種類と数を確認する
⑤置換基の位置を確認する

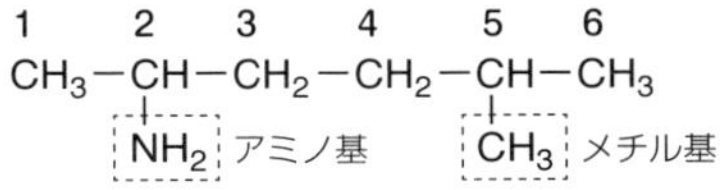

```
          1   2   3    4    5    6
          CH₃-CH-CH₂-CH₂-CH-CH₃
              |          |
              NH₂ アミノ基  CH₃ メチル基
```
- 炭素数6：hexane → hexanamine
- アミノ基の位置：2位の炭素
- メチル基の位置：5位の炭素
　→ 5-メチル-2-ヘキサンアミン

C. アミノ基の水素原子がアルキル基に置換している場合

①主鎖の炭素数を数える

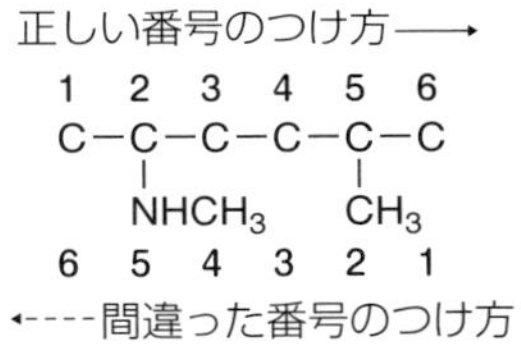

```
          正しい番号のつけ方→
          1 2 3 4 5 6
          C-C-C-C-C-C
              |     |
              NHCH₃ CH₃
          6 5 4 3 2 1
          ←----間違った番号のつけ方
```

②同じ炭素数のアルカンの語尾（-e）をアミン（-amine）に変える
③アミノ基の位置番号が最小になるよう番号をつける
④置換基の種類と数を確認する
⑤窒素原子に置換基が結合している場合，その位置は「*N*」で示す（*N*はイタリック体）

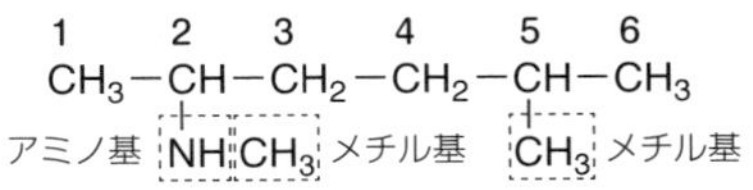

```
          1   2    3    4    5    6
          CH₃-CH-CH₂-CH₂-CH-CH₃
              |          |
    アミノ基 NH-CH₃ メチル基  CH₃ メチル基
```
- 炭素数6：hexane → hexanamine
- アミノ基の位置：2位の炭素
- メチル基の位置：アミノ基の窒素，5位の炭素
　→ *N*,5-ジメチル-2-ヘキサンアミン

12章　アミン

- 49〜57の化合物について，それぞれIUPAC名を答えよ．

49　第一級アミン（アミノ基が末端にある）　目安時間 5 分

471. CH_3-NH_2

472. $CH_3-CH_2-NH_2$

473. $CH_3-CH_2-CH_2-NH_2$

474. $CH_3-CH_2-CH_2-CH_2-NH_2$

475. $CH_3-CH_2-CH_2-CH_2-CH_2-NH_2$

476. $CH_3-CH_2-CH_2-CH_2-CH_2-CH_2-NH_2$

!Hint：炭素の数を正確に数えよう．

50　第一級アミン（アミノ基が末端にない）　目安時間 5 分

477. $CH_3-\underset{\underset{NH_2}{|}}{CH}-CH_3$

478. $CH_3-\underset{\underset{NH_2}{|}}{CH}-CH_2-CH_3$

479. $CH_3-\underset{\underset{NH_2}{|}}{CH}-CH_2-CH_2-CH_3$

480. $CH_3-CH_2-\underset{\underset{NH_2}{|}}{CH}-CH_2-CH_3$

481. $CH_3-\underset{\underset{NH_2}{|}}{CH}-CH_2-CH_2-CH_2-CH_3$

482. $CH_3-CH_2-\underset{\underset{NH_2}{|}}{CH}-CH_2-CH_2-CH_3$

!Hint：アミノ基の位置を確かめよう．

51　第二級アミン（アミノ基が末端にある）　目安時間 5 分

483. CH_3-NHCH_3

484. $CH_3-CH_2-NHCH_3$

485. $CH_3-CH_2-CH_2-NHCH_3$

486. $CH_3-CH_2-CH_2-CH_2-NHCH_3$

487. CH₃−CH₂−CH₂−CH₂−CH₂−NHCH₃

488. CH₃−CH₂−CH₂−CH₂−CH₂−CH₂−NHCH₃

!Hint：アミノ基の水素原子がアルキル基に置換されている場合，位置の示し方に注意しよう．

52 第二級アミン（アミノ基が末端にない） 目安時間 分

489. CH₃−CH−CH₃
　　　　｜
　　　NHCH₃

492. CH₃−CH₂−CH−CH₂−CH₃
　　　　　　　｜
　　　　　　NHCH₃

490. CH₃−CH−CH₂−CH₃
　　　　｜
　　　NHCH₃

493. CH₃−CH−CH₂−CH₂−CH₃
　　　　｜
　　　NHCH₃

491. CH₃−CH−CH₂−CH₂−CH₃
　　　　｜
　　　NHCH₃

494. CH₃−CH₂−CH−CH₂−CH₃
　　　　　　　｜
　　　　　　NHCH₃

!Hint：アミノ基とメチル基の位置の示し方に注意しよう．

53 第三級アミン（アミノ基が末端にある） 目安時間 分

495. CH₃−N(CH₃)₂

498. CH₃−CH₂−CH₂−CH₂−N(CH₃)₂

496. CH₃−CH₂−N(CH₃)₂

499. CH₃−CH₂−CH₂−CH₂−CH₂−N(CH₃)₂

497. CH₃−CH₂−CH₂−N(CH₃)₂

500. CH₃−CH₂−CH₂−CH₂−CH₂−CH₂−N(CH₃)₂

!Hint：窒素原子に結合している三つの炭素鎖のうち最も長いものが主鎖となる．

54 第三級アミン（アミノ基が末端にない） 目安時間 5 分

501. CH₃−CH−CH₃
     |
     N(CH₃)₂

502. CH₃−CH−CH₂−CH₃
     |
     N(CH₃)₂

503. CH₃−CH−CH₂−CH₂−CH₃
     |
     N(CH₃)₂

504. CH₃−CH₂−CH−CH₂−CH₃
     |
     N(CH₃)₂

505. CH₃−CH−CH₂−CH₂−CH₃
     |
     N(CH₃)₂

506. CH₃−CH₂−CH−CH₂−CH₃
     |
     N(CH₃)₂

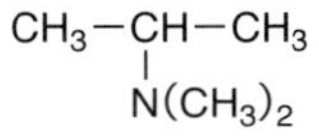

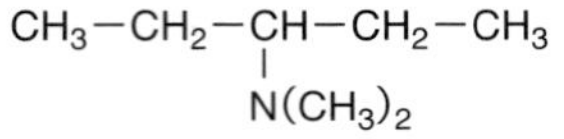

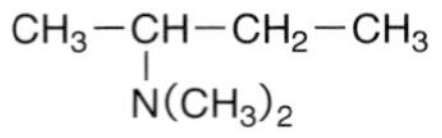

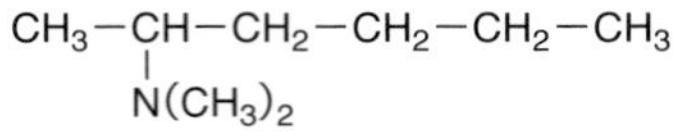

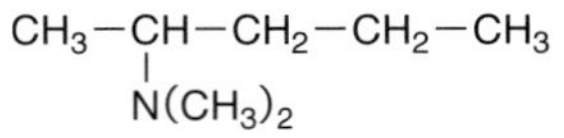

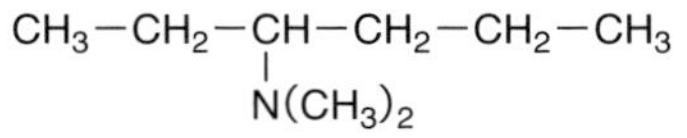

Hint：枝分かれに惑わされずに主鎖を見きわめよう．

55 メチル基をもつ第一級アミン 目安時間 10 分

507. 　　　NH₂
     　　　|
     CH₃−C−CH₂−CH−CH₃
     　　　|　　　|
     　　　CH₃　CH₃

508. 　　　CH₃
     　　　|
     CH₃−CH−CH−CH−CH₃
     　　　　　|　|
     　　　　NH₂ CH₃

509. 　　　　　NH₂
     　　　　　|
     CH₃−CH₂−C−CH−CH₃
     　　　　　|　|
     　　　　CH₃ CH₃

510. 　　　　CH₃ NH₂
     　　　　|　|
     CH₃−CH₂−CH−C−CH₃
     　　　　　　|
     　　　　　　CH₃

511. 　　　CH₃　　NH₂
     　　　|　　　|
     CH₃−CH−CH₂−CH−CH−CH₃
     　　　　　　　　|
     　　　　　　　　CH₃

512. 　　　　　NH₂ CH₃
     　　　　　|　|
     CH₃−CH₂−CH−CH−CH₂−CH₃
     　　　　　　|
     　　　　　　CH₃

513. 　　　　　　CH₃
     　　　　　　|
     CH₃−CH₂−CH₂−C−CH−CH₃
     　　　　　　|　|
     　　　　　　CH₃ NH₂

514. 　　　　　　NH₂ CH₃
     　　　　　　|　|
     CH₃−CH₂−CH₂−CH−C−CH₃
     　　　　　　　　|
     　　　　　　　　CH₃

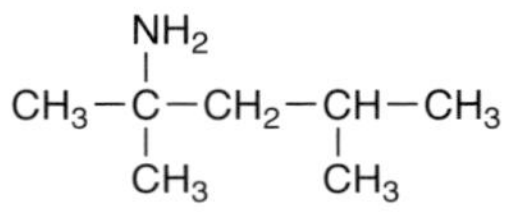

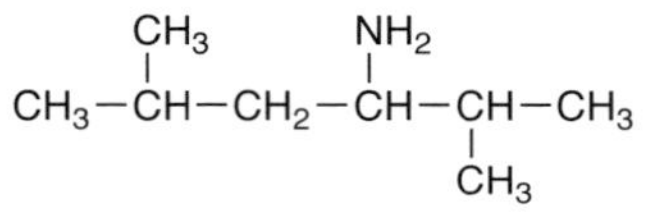

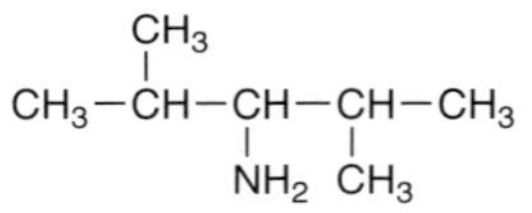

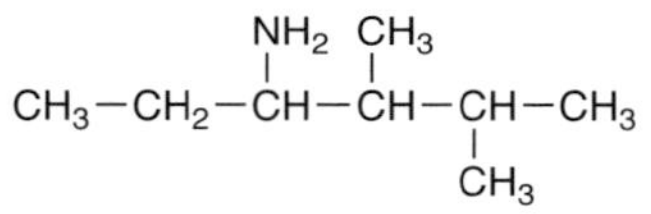

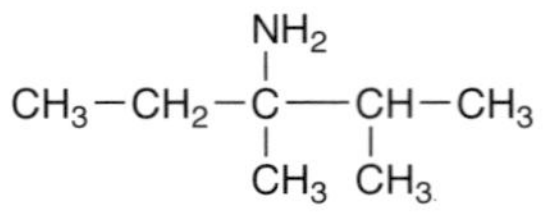

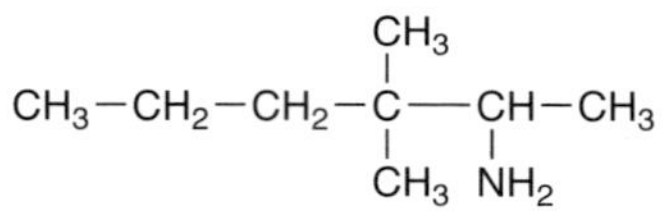

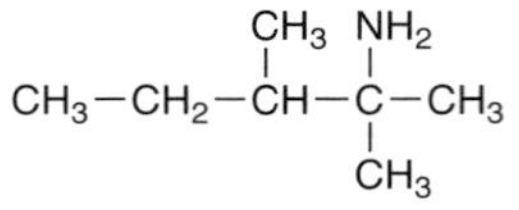

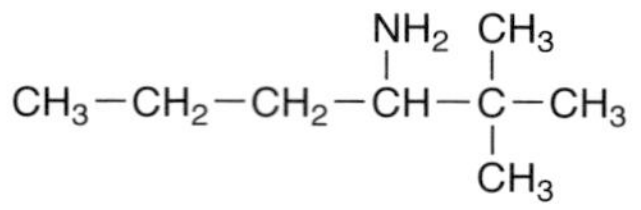

515.
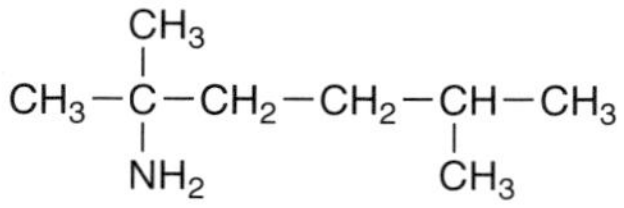

516.
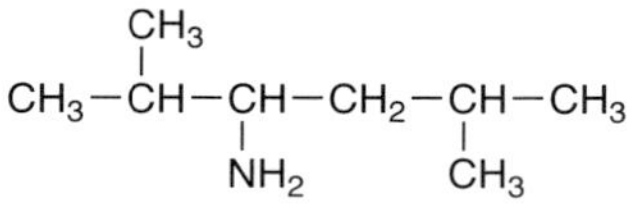

517.
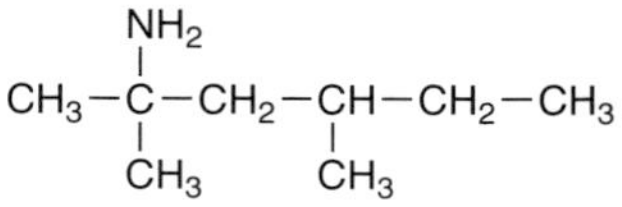

518.
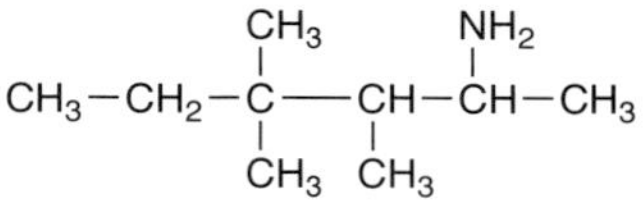

! *Hint*：まずはアミンとして命名し，メチル基の数と位置を示そう．

56 メチル基をもつ第二級アミン

目安時間 15 分

519.
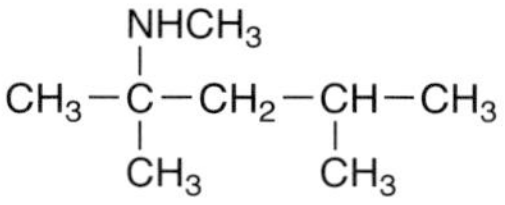

520.
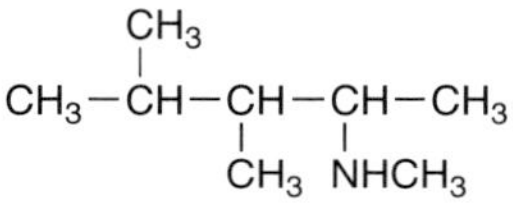

521.
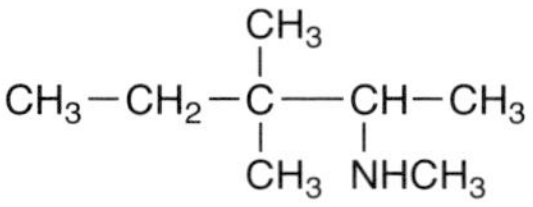

522.
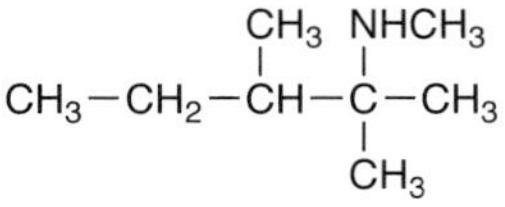

523.
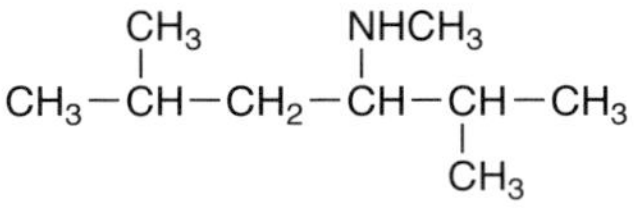

524.
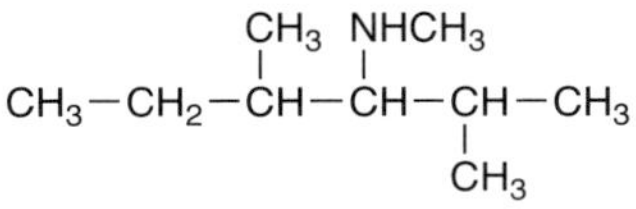

525.
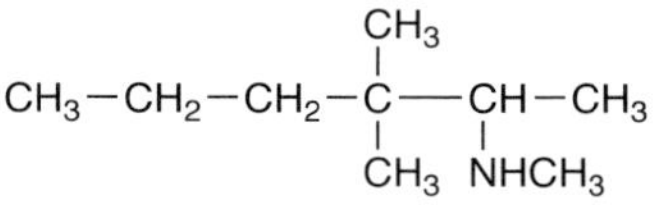

526.
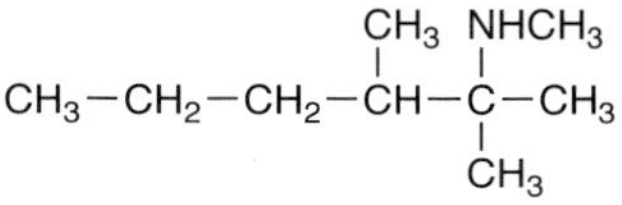

527.
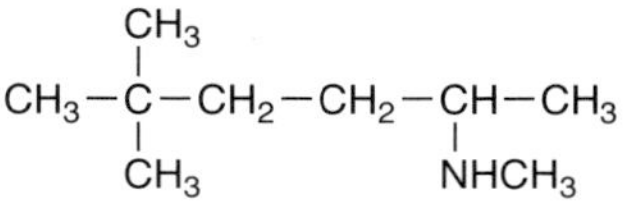

528.
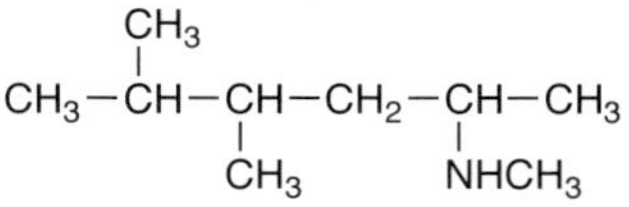

529.
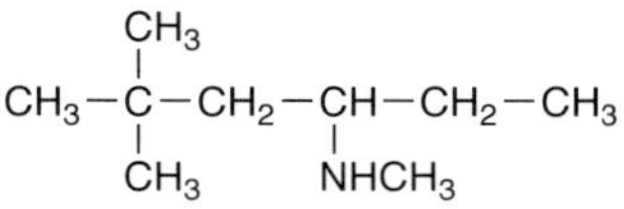

530.
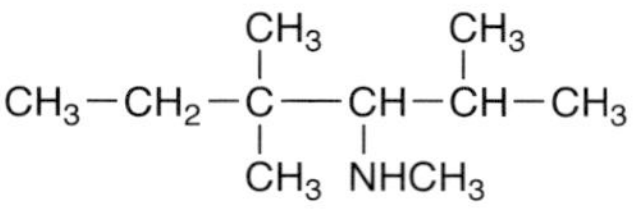

! *Hint*：まずはアミンとして命名．メチル基の位置を示すときは注意しよう．

57 メチル基をもつ第三級アミン　目安時間 15 分

531.
$$CH_3-\underset{\underset{CH_3}{|}}{\overset{\overset{N(CH_3)_2}{|}}{C}}-CH_2-\underset{\underset{CH_3}{|}}{CH}-CH_3$$

532.
$$CH_3-\underset{}{\overset{\overset{CH_3}{|}}{CH}}-\underset{\underset{CH_3}{|}}{\underset{\underset{N(CH_3)_2}{|}}{CH}}-CH_3$$

533.
$$CH_3-CH_2-\underset{\underset{CH_3}{|}}{\overset{\overset{CH_3}{|}}{C}}-\underset{\underset{N(CH_3)_2}{|}}{CH}-CH_3$$

533.
$$CH_3-CH_2-\underset{\underset{CH_3}{|}}{\overset{\overset{CH_3}{|}}{C}}-\underset{\underset{N(CH_3)_2}{|}}{CH}-CH_3$$

534.
$$CH_3-CH_2-\underset{}{\overset{\overset{CH_3}{|}}{CH}}-\underset{\underset{CH_3}{|}}{\overset{\overset{N(CH_3)_2}{|}}{C}}-CH_3$$

535.
$$CH_3-\overset{\overset{CH_3}{|}}{CH}-CH_2-\underset{\underset{CH_3}{|}}{\overset{\overset{N(CH_3)_2}{|}}{CH}}-CH_3$$

536.
$$CH_3-CH_2-\overset{\overset{CH_3}{|}}{CH}-\underset{\underset{N(CH_3)_2}{|}}{\overset{\overset{CH_3}{|}}{CH}}-CH_3$$

537.
$$CH_3-CH_2-CH_2-\underset{\underset{CH_3}{|}}{\overset{\overset{CH_3}{|}}{C}}-\underset{\underset{N(CH_3)_2}{|}}{CH}-CH_3$$

538.
$$CH_3-CH_2-CH_2-\overset{\overset{CH_3}{|}}{CH}-\underset{\underset{N(CH_3)_2}{|}}{\overset{\overset{CH_3}{|}}{C}}-CH_3$$

539.
$$CH_3-\underset{\underset{N(CH_3)_2}{|}}{\overset{\overset{CH_3}{|}}{C}}-CH_2-CH_2-\underset{\underset{CH_3}{|}}{CH}-CH_3$$

540.
$$CH_3-\overset{\overset{CH_3}{|}}{CH}-\underset{\underset{N(CH_3)_2}{|}}{CH}-CH_2-\underset{\underset{CH_3}{|}}{CH}-CH_3$$

541.
$$CH_3-\underset{\underset{CH_3}{|}}{\overset{\overset{N(CH_3)_2}{|}}{C}}-CH_2-\underset{\underset{CH_3}{|}}{CH}-CH_2-CH_3$$

542.
$$CH_3-CH_2-\underset{\underset{CH_3}{|}}{\overset{\overset{CH_3}{|}}{C}}-\underset{\underset{CH_3}{|}}{CH}-\overset{\overset{N(CH_3)_2}{|}}{CH}-CH_3$$

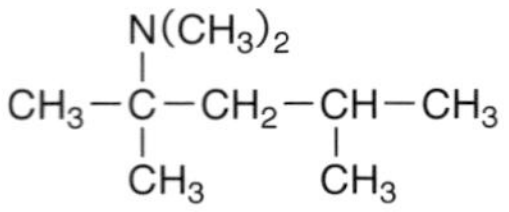

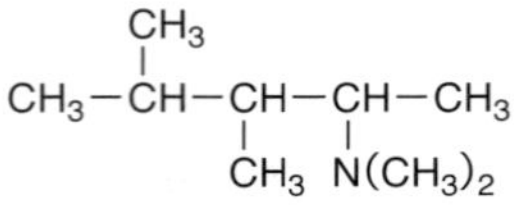

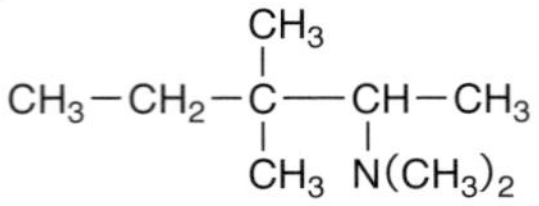

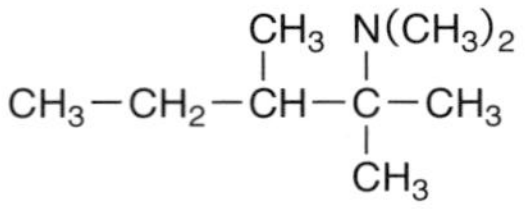

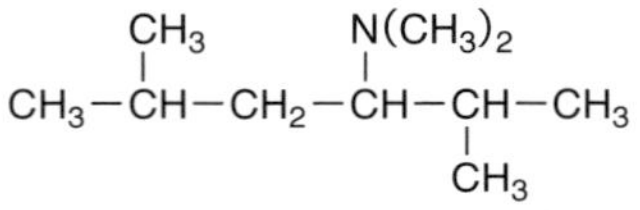

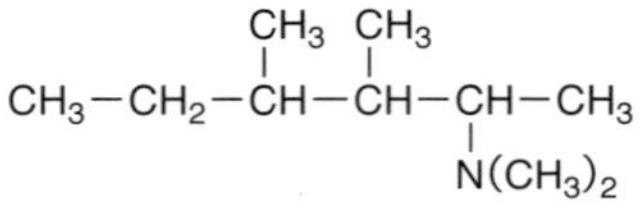

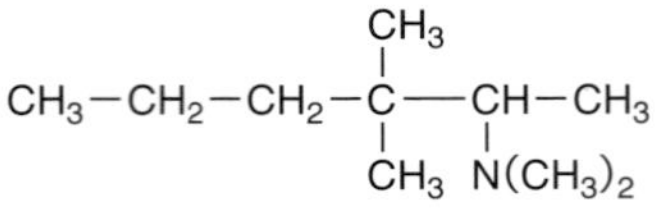

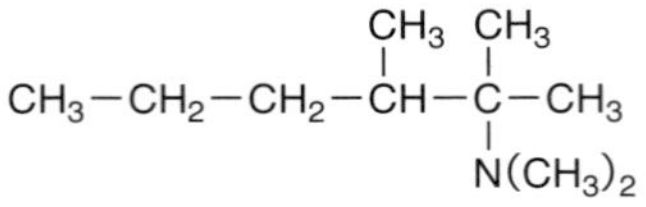

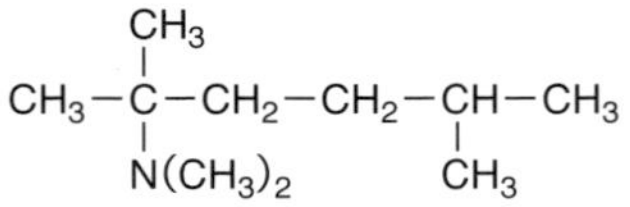

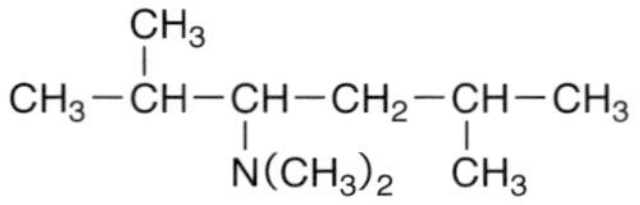

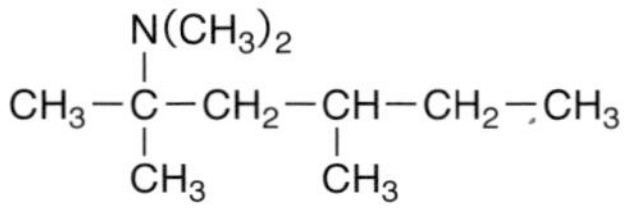

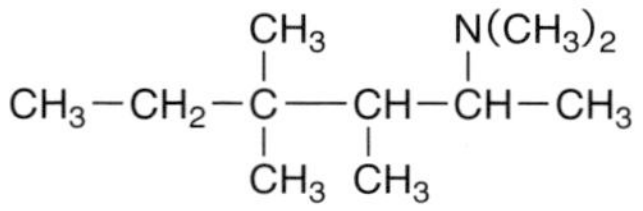

Hint：まずはアミンとして命名．メチル基の位置を示すときは注意しよう

アルデヒド
ホルミル基をもつ化合物

実施日：　　月　　日

命名のポイント

A. ホルミル基以外に置換基（枝分かれ）がない場合

① 主鎖の炭素数を数える

> ホルミル基（-CHO）の炭素も主鎖に含めて数える！

② 同じ炭素数のアルカンの語尾（-e）をアール（-al）に変える

　例：ヘキサン（hexane）
　　→ ヘキサナール（hexan<u>al</u>）

③ ホルミル基に含まれる炭素が1位になる

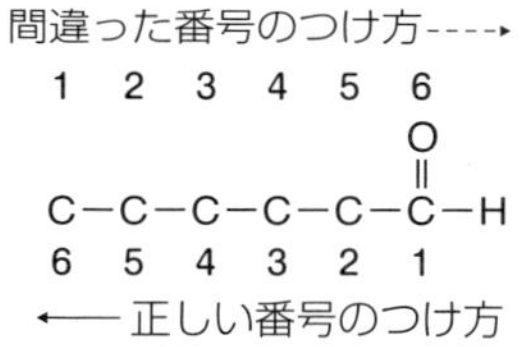

```
間違った番号のつけ方---→
  1 2 3 4 5 6
            O
            ‖
  C-C-C-C-C-C-H
  6 5 4 3 2 1
  ←── 正しい番号のつけ方
```

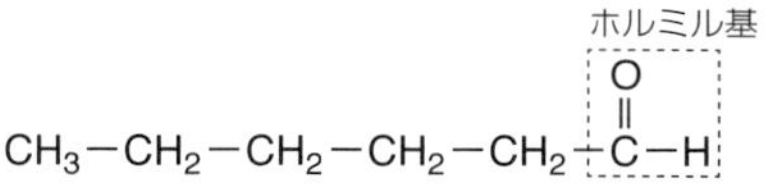

$CH_3-CH_2-CH_2-CH_2-CH_2-\underset{\text{ホルミル基}}{\boxed{\overset{O}{\underset{\|}{C}}-H}}$

- 炭素数6：hexane → hexanal
- ホルミル基の位置：1位の炭素
  → ヘキサナール

> ホルミル基は主鎖の一番端にしかこないので、ホルミル基の位置番号は不要

B. ホルミル基以外に置換基（枝分かれ）がある場合

① 主鎖の炭素数を数える

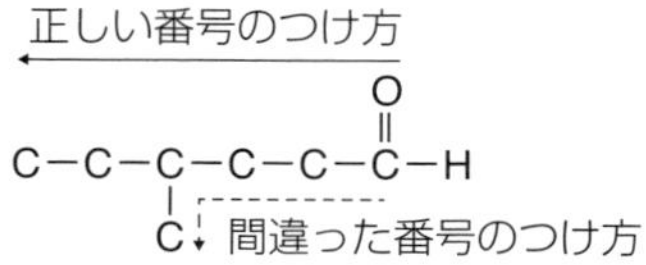

```
       正しい番号のつけ方
       ←────────
            O
            ‖
  C-C-C-C-C-C-H
      |    間違った番号のつけ方
      C
```

② 同じ炭素数のアルカンの語尾（-e）をアール（-al）に変える

③ 置換基の種類と数を確認する

> 命名の優先順位は，アルデヒド＞アルコール＞アミン＞エーテル

④ 置換基の位置を確認する

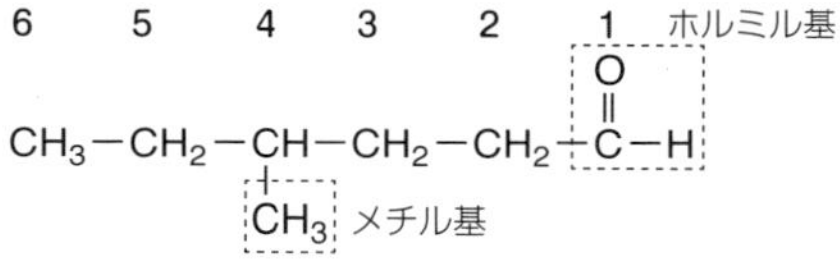

$\underset{6}{CH_3}-\underset{5}{CH_2}-\underset{4}{CH}-\underset{3}{CH_2}-\underset{2}{CH_2}-\underset{1}{\boxed{\overset{O}{\underset{\|}{C}}-H}}$ ホルミル基
　　　　　　|
　　　　$\boxed{CH_3}$ メチル基

- 炭素数6：hexane → hexanal
- ホルミル基の位置：1位の炭素
- メチル基の位置：4位の炭素
  → 4-メチルヘキサナール

・58〜63の化合物について，それぞれIUPAC名を答えよ．

58 アルデヒド　　　　目安時間 5分

543. H−CHO

544. CH_3-CHO

545. CH_3-CH_2-CHO

546. $CH_3-CH_2-CH_2-CHO$

547. $CH_3-CH_2-CH_2-CH_2-CHO$

548. $CH_3-CH_2-CH_2-CH_2-CH_2-CHO$

> Hint：ホルミル基の炭素を数え忘れないようにしよう．

59 クロロ基をもつアルデヒド

549. Cl－CH₂－CHO

550. Cl－CH₂－CH₂－CHO

551. CH₃－CH－CHO
             |
             Cl

552. Cl－CH₂－CH₂－CH₂－CHO

553. CH₃－CH－CH₂－CHO
             |
             Cl

554. CH₃－CH₂－CH－CHO
                    |
                    Cl

555. Cl－CH₂－CH₂－CH₂－CH₂－CHO

556. CH₃－CH－CH₂－CH₂－CHO
             |
             Cl

557. CH₃－CH₂－CH－CH₂－CHO
                    |
                    Cl

558. CH₃－CH₂－CH₂－CH－CHO
                           |
                           Cl

559. Cl－CH₂－CH₂－CH₂－CH₂－CH₂－CHO

560. CH₃－CH－CH₂－CH₂－CH₂－CHO
             |
             Cl

561. CH₃－CH₂－CH－CH₂－CH₂－CHO
                    |
                    Cl

562. CH₃－CH₂－CH₂－CH－CH₂－CHO
                           |
                           Cl

563. CH₃－CH₂－CH₂－CH₂－CH－CHO
                                  |
                                  Cl

Hint：クロロ基の位置を確認しよう．

60 メチル基をもつアルデヒド（1）

564. CH₃－CH－CHO
             |
             CH₃

565. CH₃－CH－CH₂－CHO
             |
             CH₃

566. CH₃－CH₂－CH－CHO
                    |
                    CH₃

567. CH₃－CH－CH₂－CH₂－CHO
             |
             CH₃

568. CH₃−CH₂−CH−CH₂−CHO
              |
              CH₃

569. CH₃−CH₂−CH₂−CH−CHO
                    |
                    CH₃

570. CH₃−CH−CH₂−CH₂−CH₂−CHO
        |
        CH₃

571. CH₃−CH₂−CH−CH₂−CH₂−CHO
              |
              CH₃

572. CH₃−CH₂−CH₂−CH−CH₂−CHO
                    |
                    CH₃

573. CH₃−CH₂−CH₂−CH₂−CH−CHO
                          |
                          CH₃

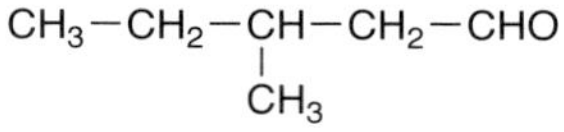

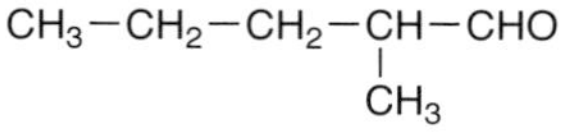

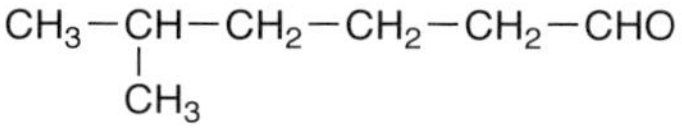

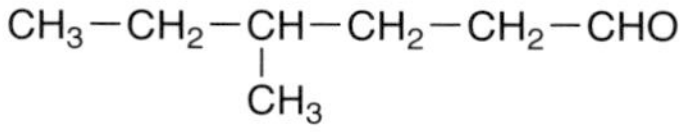

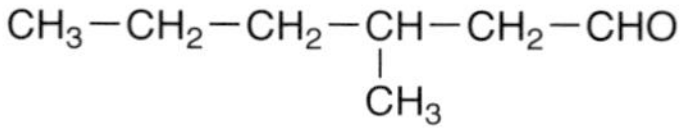

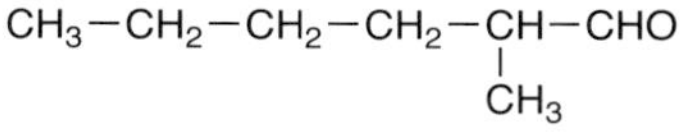

Hint：ホルミル基を含む主鎖を探そう。

61 メチル基をもつアルデヒド（2）   目安時間 ⑮ 分

574. CH₃−CH−CH−CHO
         | |
         CH₃ CH₃

575. CH₃−CH−CH−CH₂−CHO
         | |
         CH₃ CH₃

576. CH₃−CH−CH₂−CH−CHO
         | |
         CH₃   CH₃

577.   CH₃
                  |
     CH₃−CH₂−CH₂−C−CHO
                  |
                  CH₃

578.   CH₃
               |
     CH₃−CH₂−C−CH₂−CHO
               |
               CH₃

579. CH₃−CH−CH₂−CH₂−CH−CHO
         | |
         CH₃   CH₃

580.   CH₃
               |
     CH₃−CH−CH−CH₂−CH₂−CHO
         |
         CH₃

581. CH₃−CH₂−CH₂−CH−CH−CHO
                    | |
                    CH₃ CH₃

582.   CH₃
           |
     CH₃−C−CH₂−CH₂−CH₂−CHO
           |
           CH₃

583. CH₃−CH₂−CH−CH−CH₂−CHO
                | |
                CH₃ CH₃

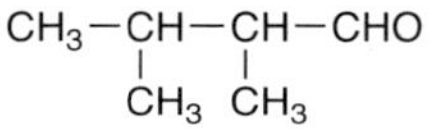

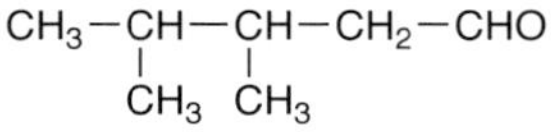

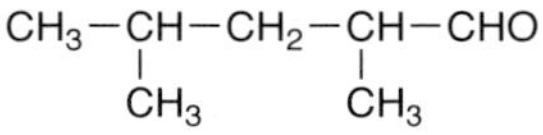

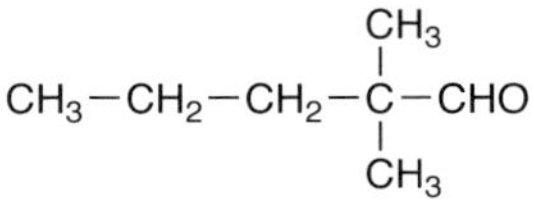

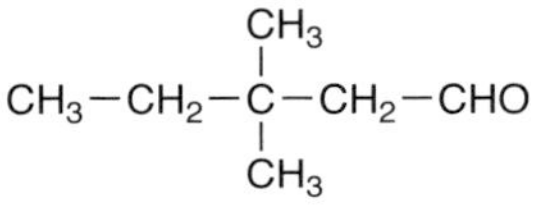

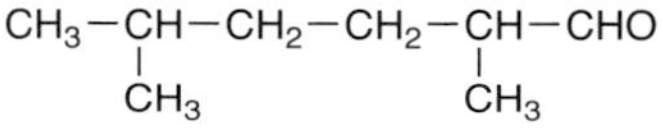

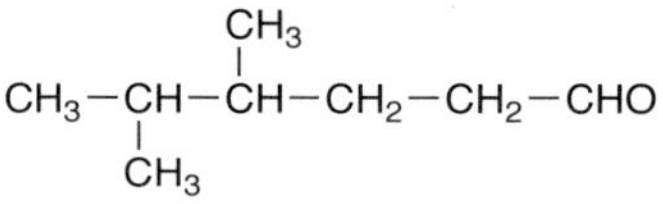

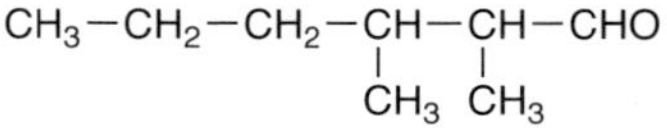

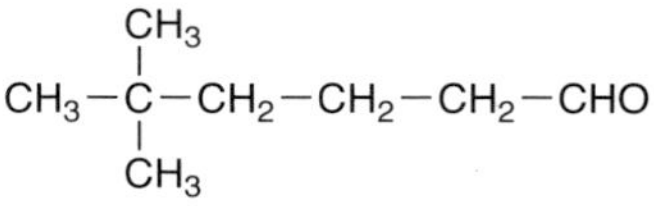

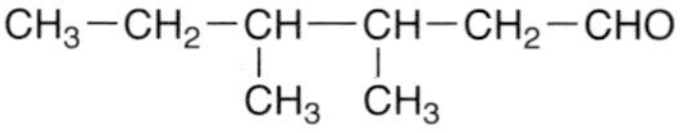

13章 アルデヒド

584. CH₃—CH₂—CH(CH₃)—CH₂—CH(CH₃)—CHO

585. CH₃—CH₂—C(CH₃)₂—CH₂—CH₂—CHO

586. CH₃—CH(CH₃)—CH₂—CH(CH₃)—CH₂—CHO

587. CH₃—CH₂—CH₂—C(CH₃)₂—CH₂—CHO

588. CH₃—CH₂—CH₂—CH₂—C(CH₃)₂—CHO

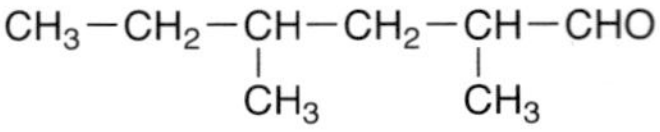

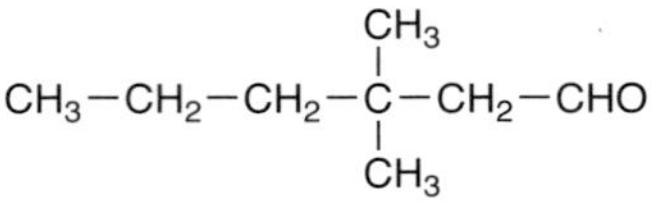

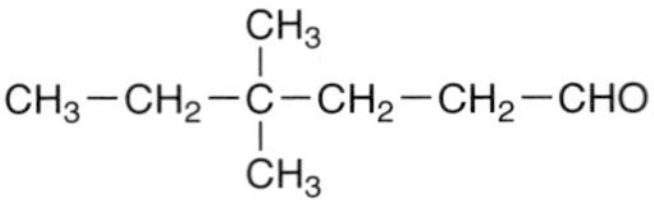

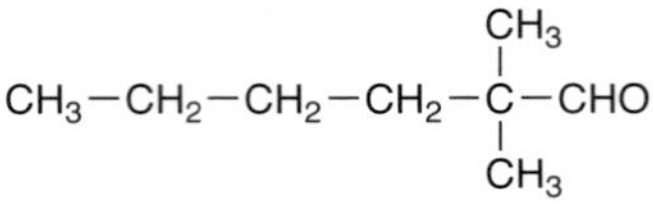

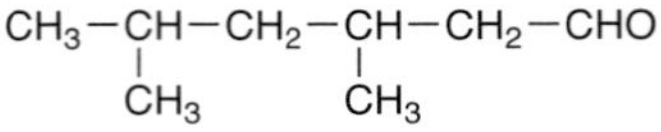

Hint：枝分かれに惑わされないように主鎖を見きわめよう．

62 複数種類の置換基をもつアルデヒド

 目安時間 15分

589. CH₃—CH(CH₃)—CH(Cl)—CHO

590. CH₃—CH(CH₃)—CH(Cl)—CH₂—CHO

591. CH₃—CH(CH₃)—CH₂—CH(Cl)—CHO

592. CH₃—CH₂—CH₂—C(Cl)(CH₃)—CHO

593. CH₃—CH₂—C(Cl)(CH₃)—CH₂—CHO

594. CH₃—CH(CH₃)—CH₂—CH(Cl)—CH₂—CHO

595. CH₃—CH(CH₃)—CH(Cl)—CH₂—CH₂—CHO
(with CH₃ on second carbon, Cl on third)

596. CH₃—CH₂—CH₂—CH(Cl)—CH(CH₃)—CHO

597. CH₃—C(Cl)(CH₃)—CH₂—CH₂—CH₂—CHO

598. CH₃—CH(CH₃)—CH(Cl)—CH₂—CH₂—CHO

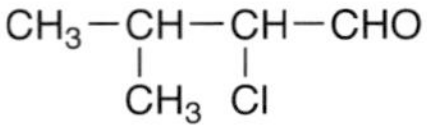

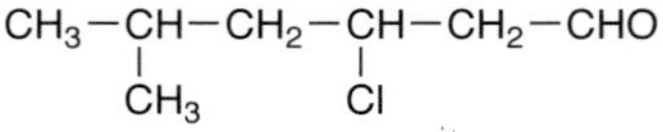

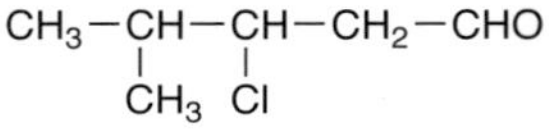

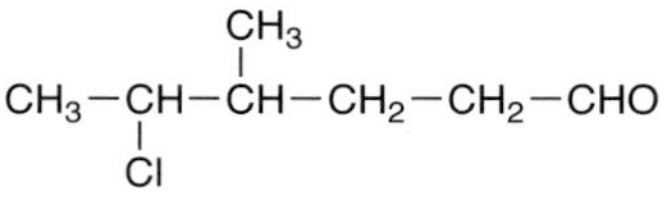

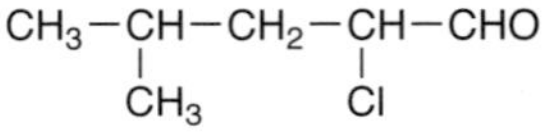

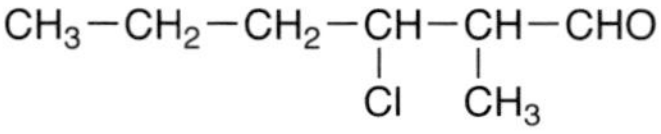

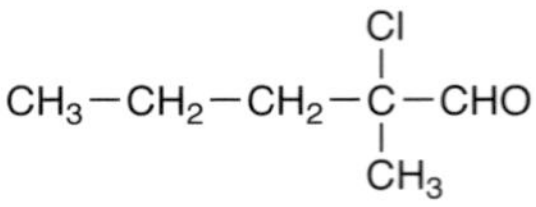

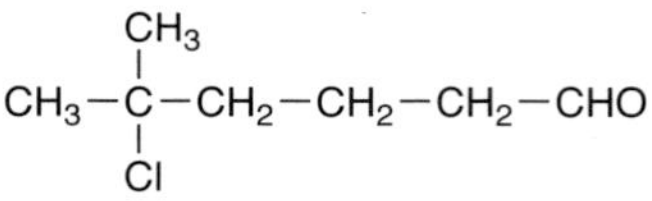

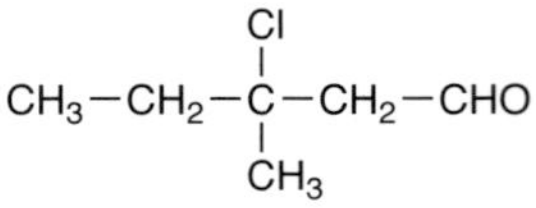

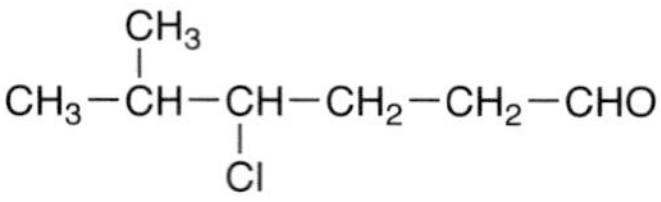

13章　アルデヒド

599. CH₃-CH₂-CH-CH₂-CH-CHO
　　　　　　　　|　　　　|
　　　　　　　Cl　　　CH₃

602. 　　　　　　　　CH₃
　　　　　　　　　　|
　　CH₃-CH₂-CH₂-C-CH₂-CHO
　　　　　　　　　　|
　　　　　　　　　Cl

600. 　　　CH₃　　　Cl
　　　　　|　　　　|
　　CH₃-CH-CH₂-CH₂-CH-CHO

603. 　　　　　　　　　　　CH₃
　　　　　　　　　　　　　|
　　CH₃-CH₂-CH₂-CH₂-C-CHO
　　　　　　　　　　　　　|
　　　　　　　　　　　　Cl

601. CH₃-CH-CH₂-CH-CH₂-CHO
　　　　　|　　　　|
　　　　Cl　　　CH₃

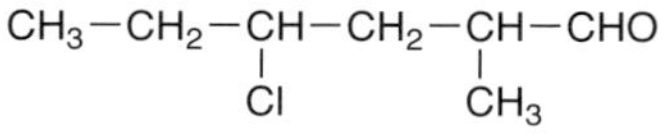

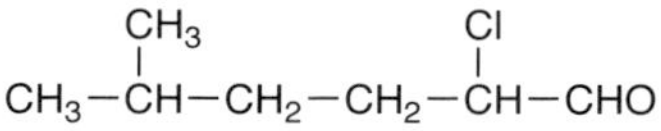

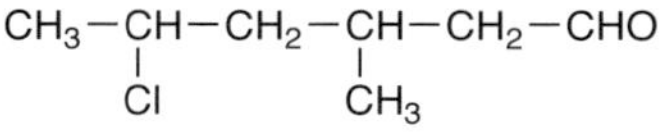

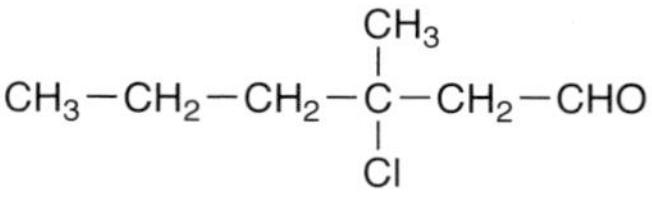

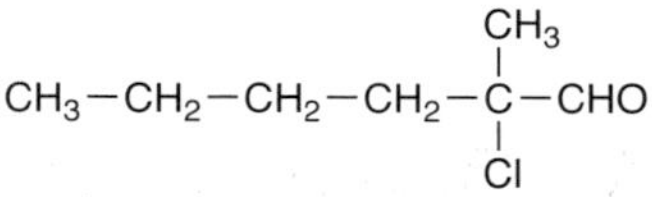

!Hint：まずはアルデヒドとして命名。その後，メチル基とクロロ基の位置を確認しよう。

63 ヒドロキシ基をもつアルデヒド

目安時間 分

604. CH₃-CH-CHO
　　　　　|
　　　　OH

609. CH₃-CH₂-CH₂-CH-CHO
　　　　　　　　　　|
　　　　　　　　　OH

605. CH₃-CH-CH₂-CHO
　　　　　|
　　　　OH

610. CH₃-CH-CH₂-CH₂-CH₂-CHO
　　　　　|
　　　　OH

606. CH₃-CH₂-CH-CHO
　　　　　　　|
　　　　　　OH

611. CH₃-CH₂-CH-CH₂-CH₂-CHO
　　　　　　　|
　　　　　　OH

607. CH₃-CH-CH₂-CH₂-CHO
　　　　　|
　　　　OH

612. CH₃-CH₂-CH₂-CH-CH₂-CHO
　　　　　　　　　　|
　　　　　　　　　OH

608. CH₃-CH₂-CH-CH₂-CHO
　　　　　　　|
　　　　　　OH

613. CH₃-CH₂-CH₂-CH₂-CH-CHO
　　　　　　　　　　　　|
　　　　　　　　　　　OH

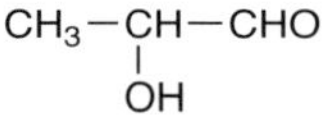

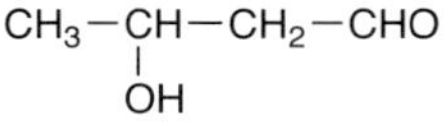

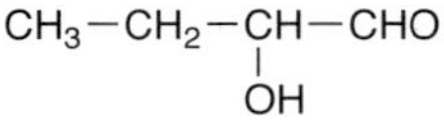

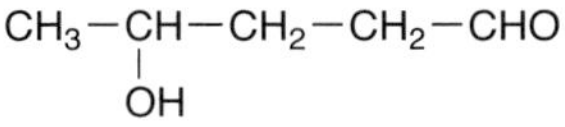

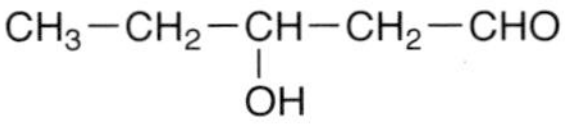

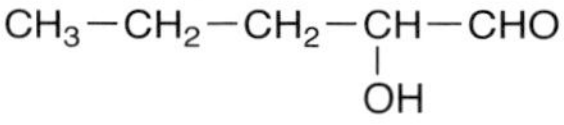

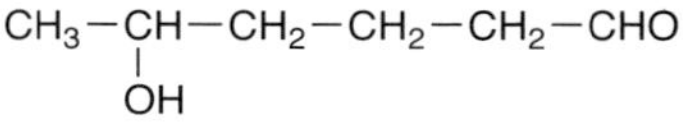

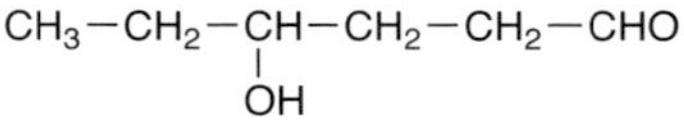

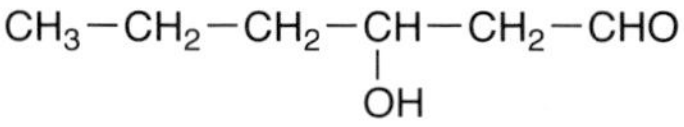

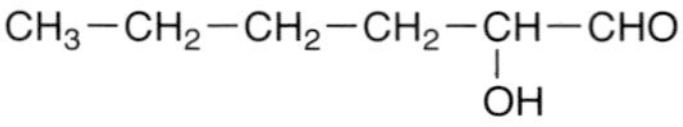

!Hint：命名の優先順位はアルデヒド（ホルミル基）＞アルコール（ヒドロキシ基）の順。

14 ケトン
カルボニル基をもつ化合物

実施日：　月　日

命名のポイント

A. カルボニル基以外に置換基（枝分かれ）がない場合

① 主鎖の炭素数を数える
  - カルボニル基(C=O)の炭素も主鎖に含めて数える！

② 同じ炭素数のアルカンの語尾（-e）をオン（-one）に変える
  例：ヘキサン（hexane）
      → ヘキサノン（hexan<u>one</u>）

③ カルボニル基の位置番号が最小になるよう番号をつける

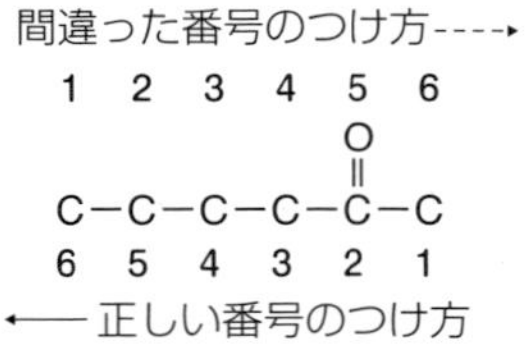

間違った番号のつけ方 →
1 2 3 4 5 6
C−C−C−C−C−C
6 5 4 3 2 1
← 正しい番号のつけ方

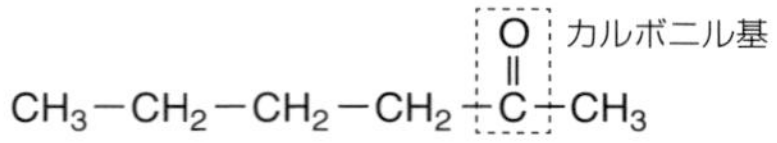

$$CH_3-CH_2-CH_2-CH_2-\underset{\underset{\text{カルボニル基}}{}}{\overset{O}{\underset{\|}{C}}}-CH_3$$

- 炭素数6：hexane → hexanone
- カルボニル基の位置：2位の炭素
  → 2-ヘキサノン

B. カルボニル基以外に置換基（枝分かれ）がある場合

① 主鎖の炭素数を数える

  正しい番号のつけ方 ←
  O
  ‖
  C−C−C−C−C−C
           |
           C ---- 間違った番号のつけ方

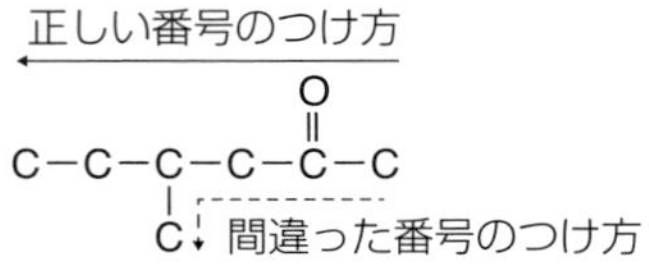

② 同じ炭素数のアルカンの語尾（-e）をオン（-one）に変える

③ 置換基の種類と数を確認する
  - 命名の優先順位は，アルデヒド＞ケトン＞アルコール＞アミン＞エーテル

④ 置換基の位置を確認する

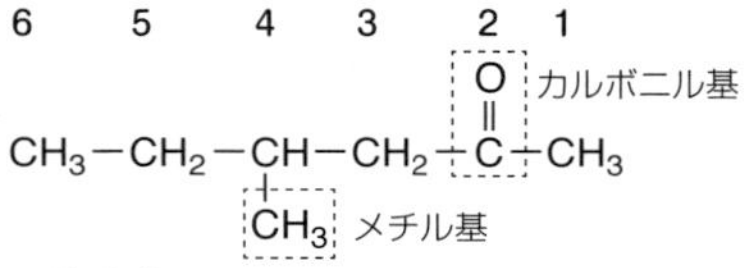

6 5 4 3 2 1
$$CH_3-CH_2-CH-CH_2-\overset{O}{\underset{\|}{C}}-CH_3$$
           |
           CH₃ メチル基

- 炭素数6：hexane → hexanone
- カルボニル基の位置：2位の炭素
- メチル基の位置：4位の炭素
  → 4-メチル-2-ヘキサノン

- 64〜73の化合物について，それぞれ IUPAC 名を答えよ．

64 ケトン　　　　目安時間 5 分

614. $CH_3-\overset{O}{\underset{\|}{C}}-CH_3$ _____

615. $CH_3-\overset{O}{\underset{\|}{C}}-CH_2-CH_3$ _____

616. $CH_3-\overset{O}{\underset{\|}{C}}-CH_2-CH_2-CH_3$ _____

617. $CH_3-CH_2-\overset{O}{\underset{\|}{C}}-CH_2-CH_3$ _____

618. $CH_3-\overset{O}{\underset{\|}{C}}-CH_2-CH_2-CH_2-CH_3$ _____

619. $CH_3-CH_2-\overset{O}{\underset{\|}{C}}-CH_2-CH_2-CH_3$ _____

Hint：カルボニル基の位置を確かめよう．

14章 ケトン

65 クロロ基をもつケトン（1） 目安時間 10分

620. CH₃–CO–CH₂–Cl

621. Cl–CH₂–CO–CH₂–CH₃

622. CH₃–CO–CH(Cl)–CH₃

623. CH₃–CO–CH₂–CH₂–Cl

624. Cl–CH₂–CO–CH₂–CH₂–CH₃

625. CH₃–CO–CH(Cl)–CH₂–CH₃

626. CH₃–CO–CH₂–CH(Cl)–CH₃

627. CH₃–CO–CH₂–CH₂–CH₂–Cl

628. Cl–CH₂–CH₂–CO–CH₂–CH₃

629. CH₃–CH(Cl)–CO–CH₂–CH₃

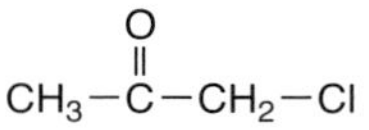

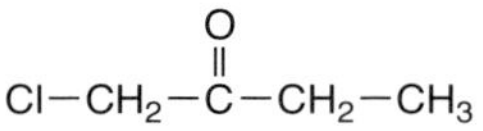

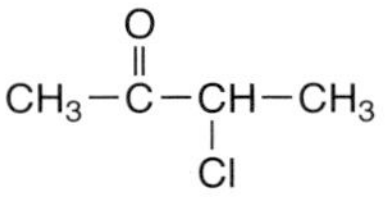

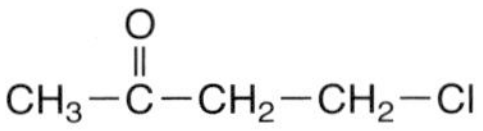

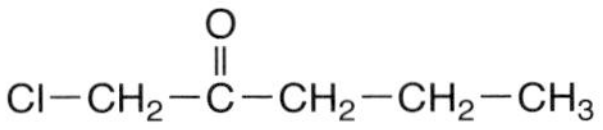

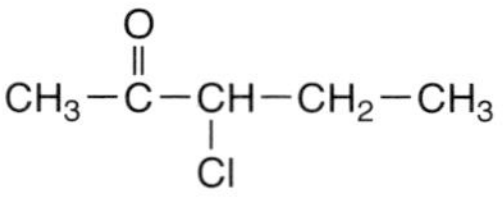

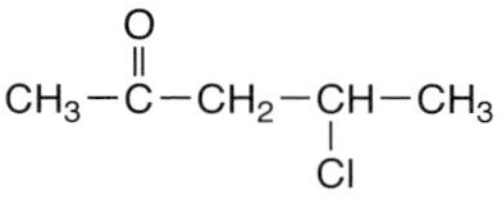

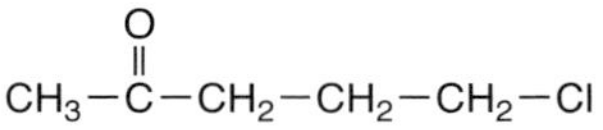

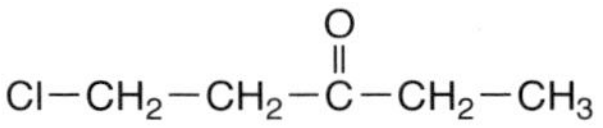

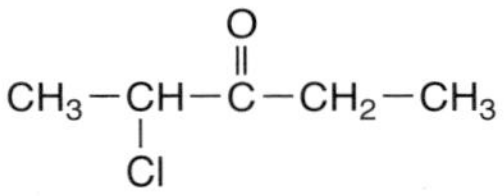

Hint：まずケトンとして命名．その後にクロロ基の位置を示そう．

66 クロロ基をもつケトン（2） 目安時間 10分

630. Cl–CH₂–CH₂–CO–CH₂–CH₂–CH₃

631. CH₃–CH(Cl)–CO–CH₂–CH₂–CH₃

632. CH₃–CH₂–CO–CH(Cl)–CH₂–CH₃

633. CH₃–CH₂–CO–CH₂–CH(Cl)–CH₃

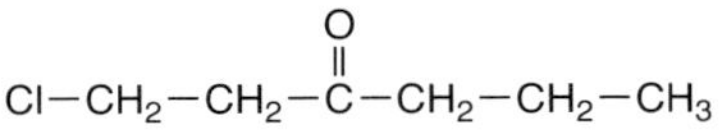

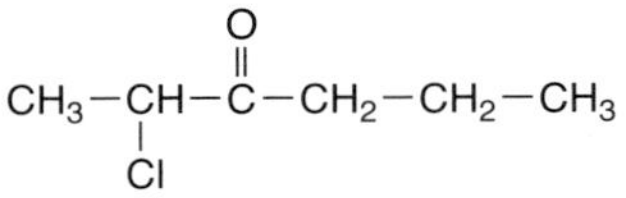

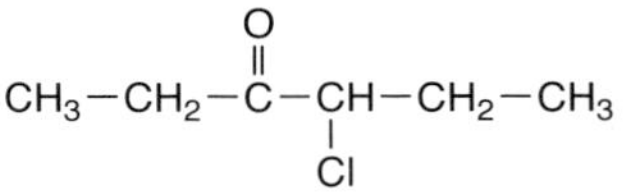

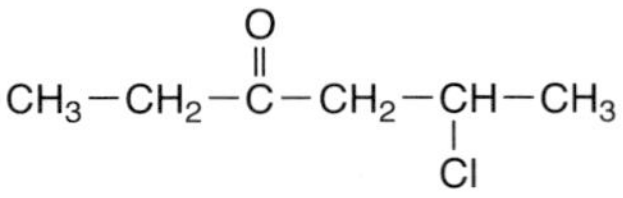

14章 ケトン

634. CH₃-CH₂-C(=O)-CH₂-CH₂-CH₂-Cl

635. Cl-CH₂-C(=O)-CH₂-CH₂-CH₂-CH₃

636. CH₃-C(=O)-CH(Cl)-CH₂-CH₂-CH₃

637. CH₃-C(=O)-CH₂-CH(Cl)-CH₂-CH₃

638. CH₃-C(=O)-CH₂-CH₂-CH(Cl)-CH₃

639. CH₃-C(=O)-CH₂-CH₂-CH₂-CH₂-Cl

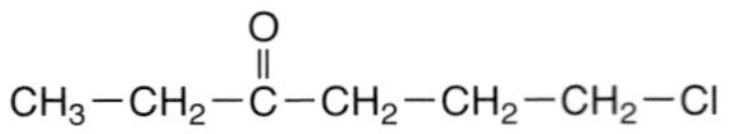

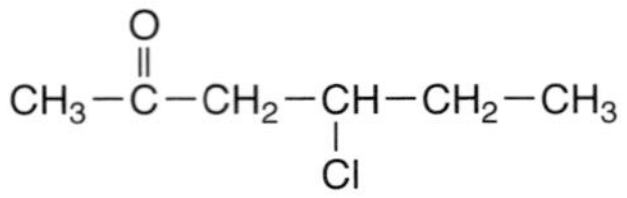

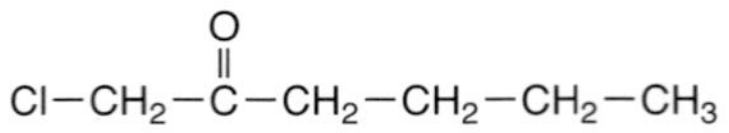

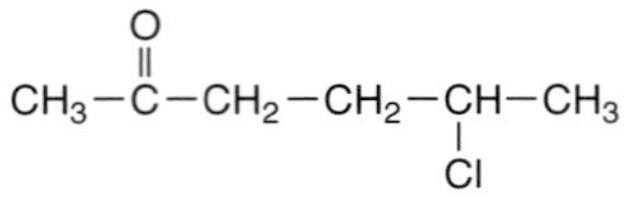

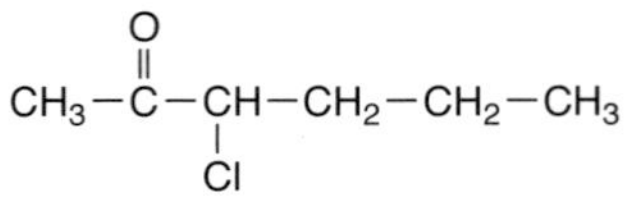

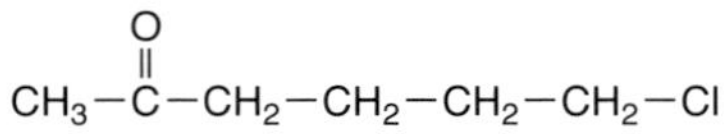

> *Hint*：まずケトンとして命名．その後にクロロ基の位置を示そう．

67 メチル基をもつケトン（1）

640. CH₃-C(=O)-CH(CH₃)-CH₃

641. CH₃-C(=O)-CH(CH₃)-CH₂-CH₃

642. CH₃-C(=O)-CH₂-CH(CH₃)-CH₃

643. CH₃-CH(CH₃)-C(=O)-CH₂-CH₃

644. CH₃-CH(CH₃)-C(=O)-CH₂-CH₂-CH₃

645. CH₃-CH₂-C(=O)-CH(CH₃)-CH₂-CH₃

646. CH₃-CH₂-C(=O)-CH₂-CH(CH₃)-CH₃

647. CH₃-C(=O)-CH(CH₃)-CH₂-CH₂-CH₃

648. CH₃-C(=O)-CH₂-CH(CH₃)-CH₂-CH₃

649. CH₃-C(=O)-CH₂-CH₂-CH(CH₃)-CH₃

> *Hint*：カルボニル基の炭素を含む主鎖を探そう．

— 52 —

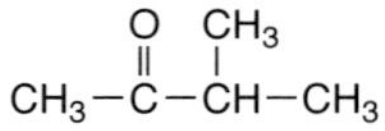

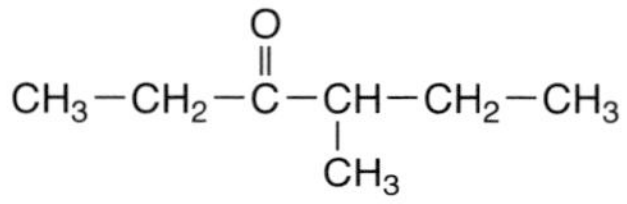

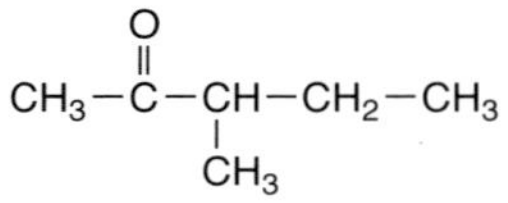

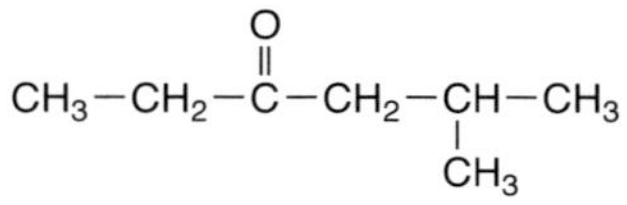

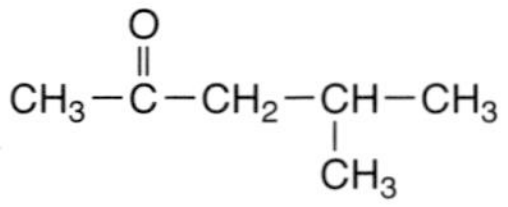

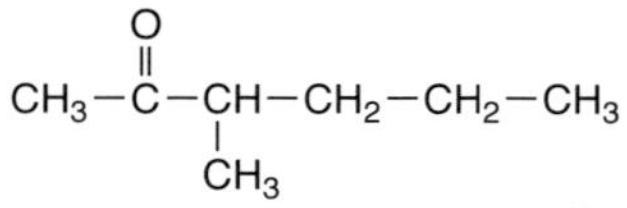

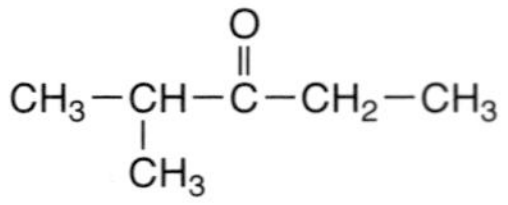

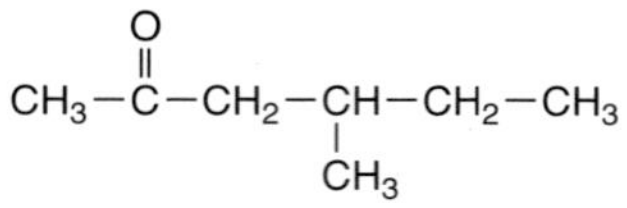

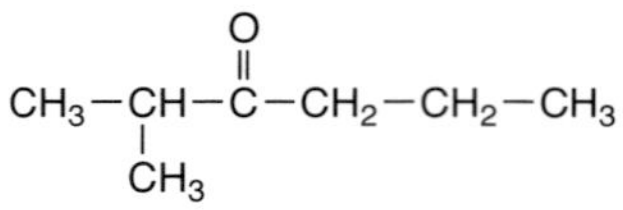

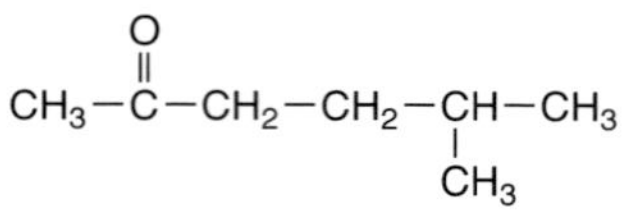

68 メチル基をもつケトン（2） 目安時間 15 分

650. CH₃-C(=O)-C(CH₃)₂-CH₃ に メチル基追加 / CH₃-CO-C(CH₃)₃

651. CH₃-CO-CH-CH(CH₃)-CH₃ (CH₃, CH₃ on middle C)

652. CH₃-CO-CH₂-C(CH₃)₃

653. CH₃-CH(CH₃)-CO-CH(CH₃)-CH₃

654. CH₃-CH(CH₃)-CO-CH₂-CH(CH₃)-CH₃

655. CH₃-CH₂-CO-CH(CH₃)-CH(CH₃)-CH₃

656. CH₃-CH(CH₃)-CO-CH(CH₃)-CH₂-CH₃

657. CH₃-CO-C(CH₃)₂-CH₂-CH₂-CH₃

658. CH₃-CO-CH₂-C(CH₃)₂-CH₂-CH₃

659. CH₃-CO-CH₂-CH₂-C(CH₃)₃

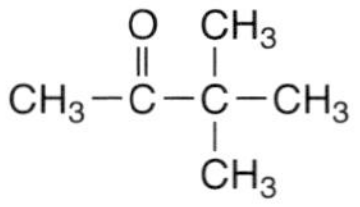

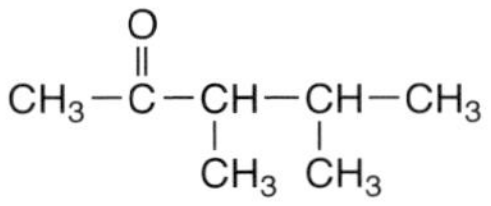

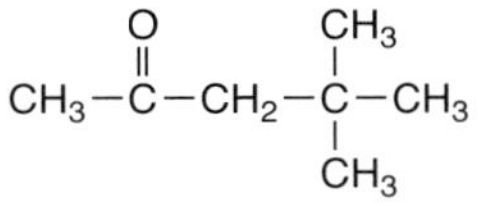

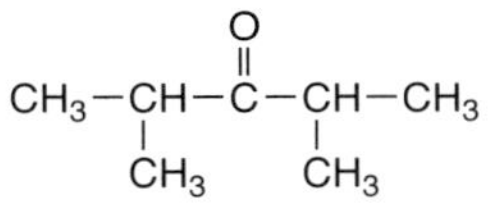

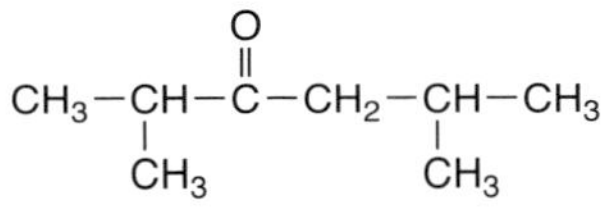

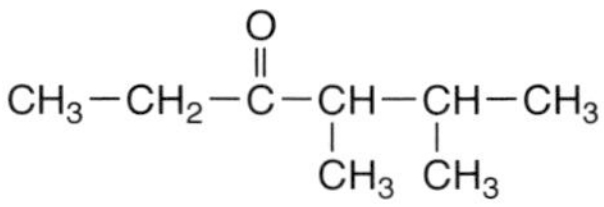

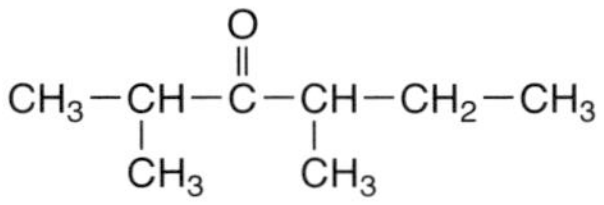

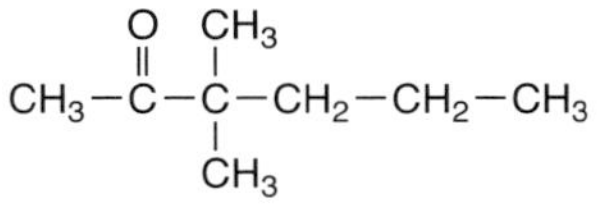

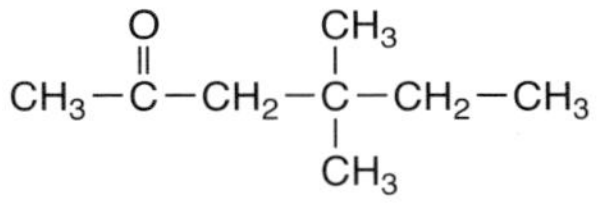

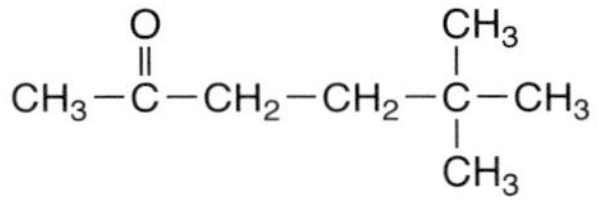

Hint：枝分かれが多いが，カルボニル基の炭素を含む主鎖を見きわめよう。

69 複数種類の置換基をもつケトン 目安時間 15 分

660. CH₃-CO-C(CH₃)₂-Cl (with Cl)
   CH₃-C(=O)-C(CH₃)(Cl)-CH₃

661. CH₃-CO-CH(Cl)-CH(CH₃)-CH₃

662. CH₃-CO-CH₂-C(Cl)(CH₃)-CH₃

663. CH₃-CH(Cl)-CO-CH(CH₃)-CH₃

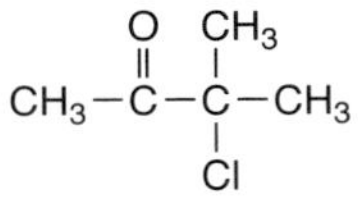

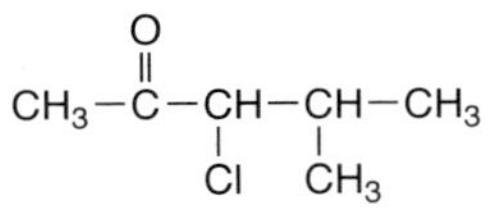

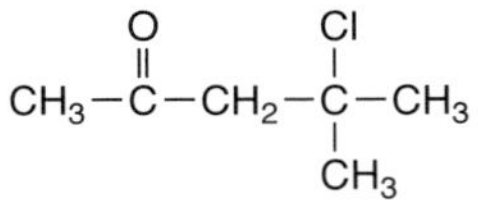

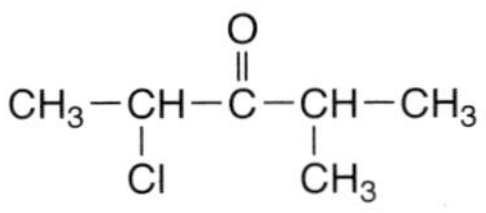

14章 ケトン

664. CH₃-CH(Cl)-C(=O)-CH₂-CH(CH₃)-CH₃

665. CH₃-CH₂-C(=O)-CH(CH₃)-CH(Cl)-CH₃

666. CH₃-CH(CH₃)-C(=O)-CH(Cl)-CH₂-CH₃

667. CH₃-C(=O)-C(Cl)(CH₃)-CH₂-CH₂-CH₃

668. CH₃-C(=O)-CH₂-C(Cl)(CH₃)-CH₂-CH₃

669. CH₃-C(=O)-CH₂-CH₂-C(Cl)(CH₃)-CH₃

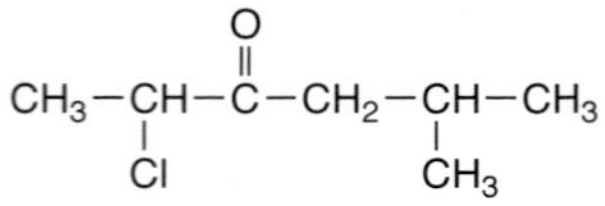

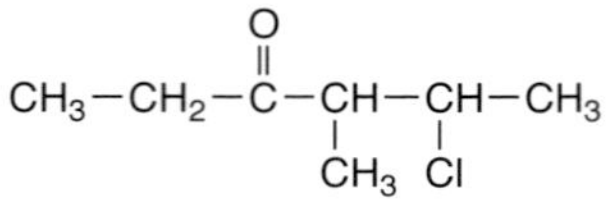

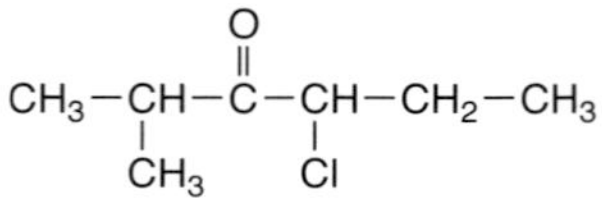

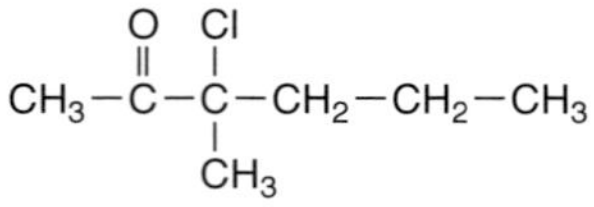

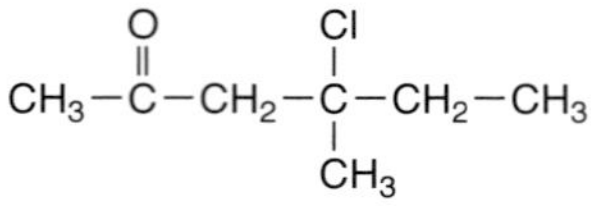

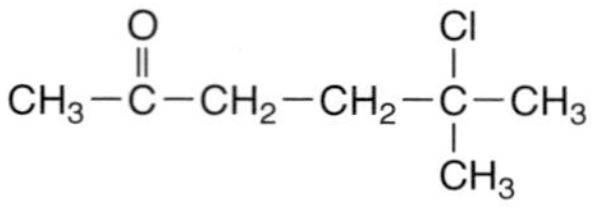

Hint：まずはケトンとして命名．その後，メチル基とクロロ基の位置を確かめる．

70 ヒドロキシ基をもつケトン（1）

目安時間 分

670. CH₃-C(=O)-CH₂-OH

671. HO-CH₂-C(=O)-CH₂-CH₃

672. CH₃-C(=O)-CH(OH)-CH₃

673. CH₃-C(=O)-CH₂-CH₂-OH

674. HO-CH₂-C(=O)-CH₂-CH₂-CH₃

675. CH₃-C(=O)-CH(OH)-CH₂-CH₃

676. CH₃-C(=O)-CH₂-CH(OH)-CH₃

677. CH₃-C(=O)-CH₂-CH₂-CH₂-OH

678. HO-CH₂-CH₂-C(=O)-CH₂-CH₃

679. CH₃-CH(OH)-C(=O)-CH₂-CH₃

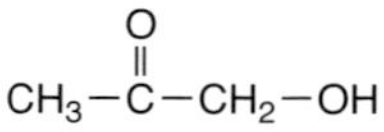

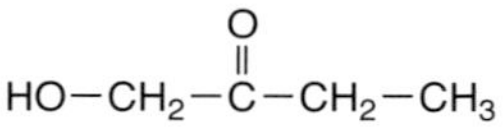

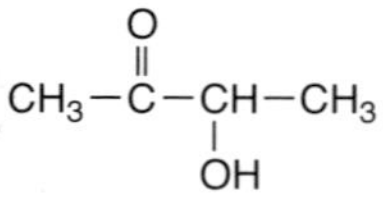

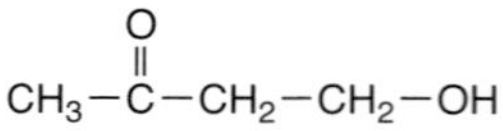

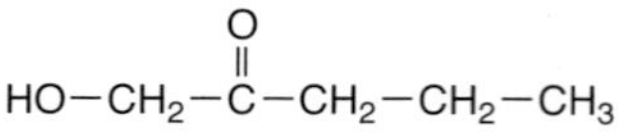

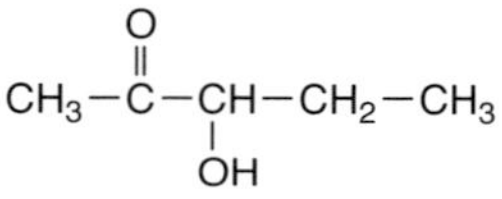

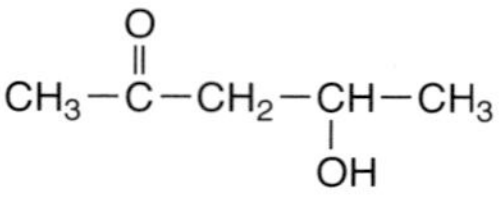

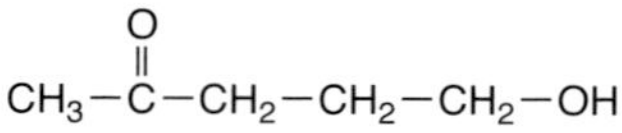

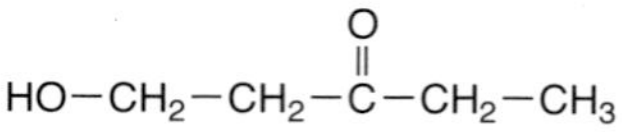

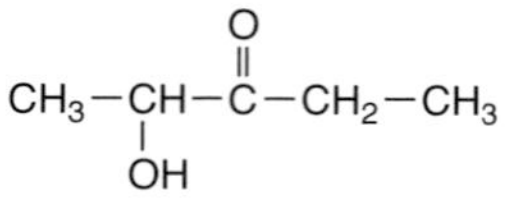

Hint：命名の優先順位はケトン（カルボニル基）＞アルコール（ヒドロキシ基）の順．まずはケトンとして命名しよう．

14章 ケトン

71 ヒドロキシ基をもつケトン（2）

目安時間 15分

680. HO—CH$_2$—CH$_2$—C(=O)—CH$_2$—CH$_2$—CH$_3$

681. CH$_3$—CH(OH)—C(=O)—CH$_2$—CH$_2$—CH$_3$

682. CH$_3$—CH$_2$—C(=O)—CH(OH)—CH$_3$

683. CH$_3$—CH$_2$—C(=O)—CH$_2$—CH(OH)—CH$_3$

684. CH$_3$—CH$_2$—C(=O)—CH$_2$—CH$_2$—CH$_2$—OH

685. HO—CH$_2$—C(=O)—CH$_2$—CH$_2$—CH$_2$—CH$_3$

686. CH$_3$—C(=O)—CH(OH)—CH$_2$—CH$_2$—CH$_3$

687. CH$_3$—C(=O)—CH$_2$—CH(OH)—CH$_2$—CH$_3$

688. CH$_3$—C(=O)—CH$_2$—CH$_2$—CH(OH)—CH$_3$

689. CH$_3$—C(=O)—CH$_2$—CH$_2$—CH$_2$—CH$_2$—OH

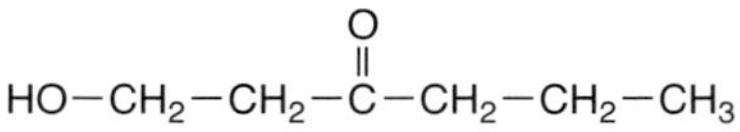

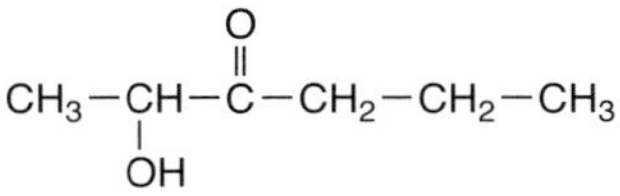

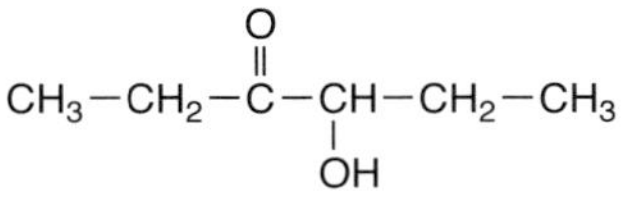

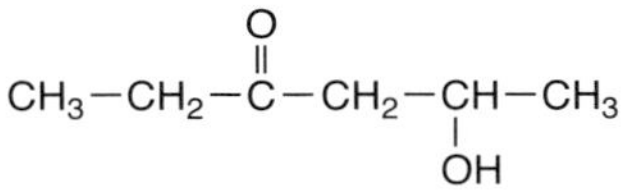

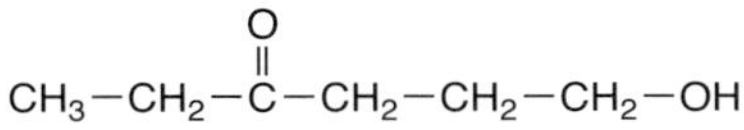

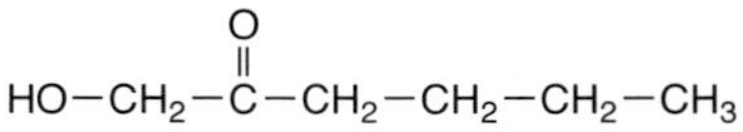

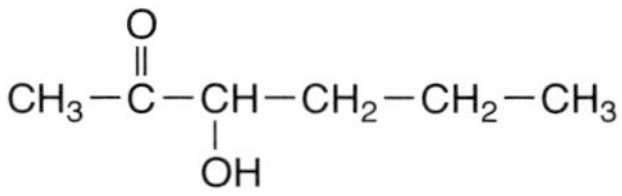

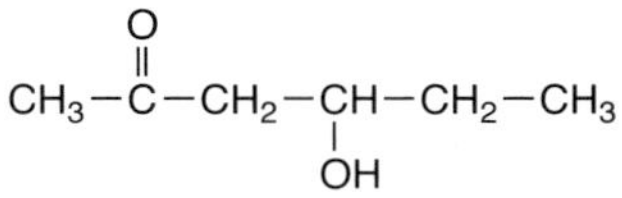

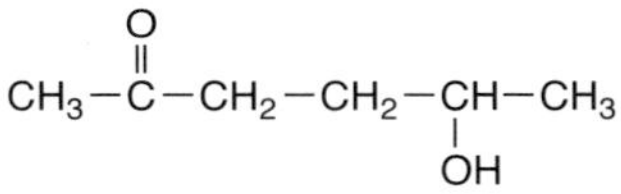

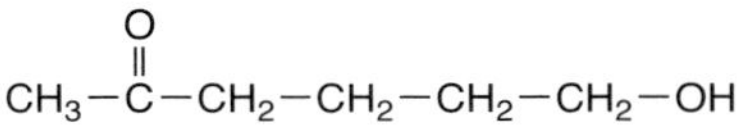

!Hint：命名の優先順位は、ケトン＞アルコール．

72 アミノ基をもつケトン（1）

目安時間 15分

690. CH$_3$—C(=O)—CH$_2$—NH$_2$

691. H$_2$N—CH$_2$—C(=O)—CH$_2$—CH$_3$

692. CH$_3$—C(=O)—CH(NH$_2$)—CH$_3$

693. CH$_3$—C(=O)—CH$_2$—CH$_2$—NH$_2$

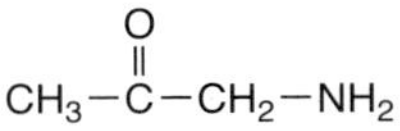

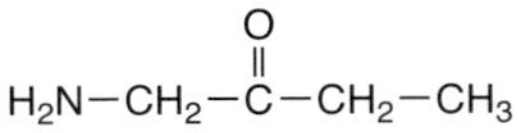

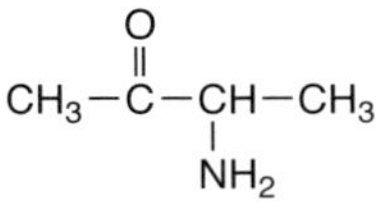

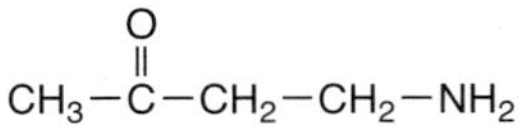

14章　ケトン

694. H₂N−CH₂−C(=O)−CH₂−CH₂−CH₃

695. CH₃−C(=O)−CH(NH₂)−CH₂−CH₃

696. CH₃−C(=O)−CH₂−CH(NH₂)−CH₃

697. CH₃−C(=O)−CH₂−CH₂−CH₂−NH₂

698. H₂N−CH₂−CH₂−C(=O)−CH₂−CH₃

699. CH₃−CH(NH₂)−C(=O)−CH₂−CH₃

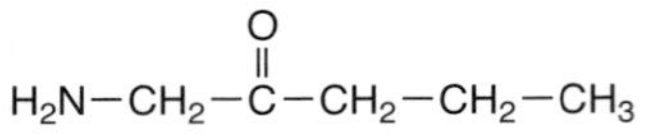

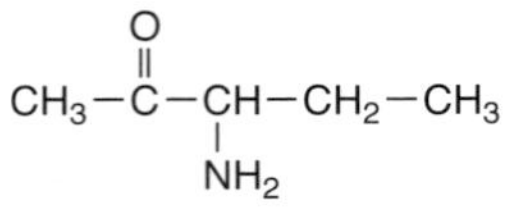

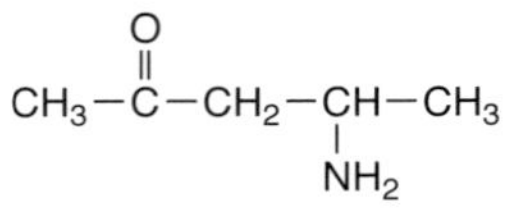

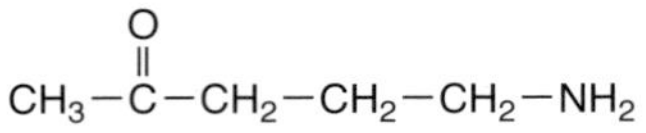

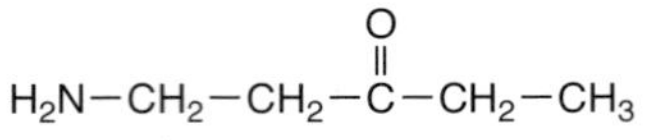

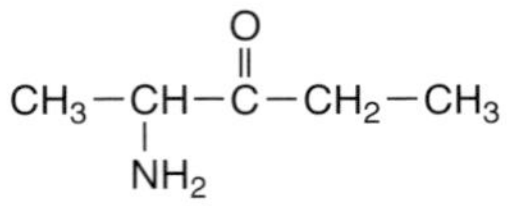

!Hint：命名の優先順位はケトン（カルボニル基）＞アミン（アミノ基）の順。まずはケトンとして命名しよう。

73　アミノ基をもつケトン（2）

目安時間 15分

700. H₂N−CH₂−CH₂−C(=O)−CH₂−CH₂−CH₃

701. CH₃−CH(NH₂)−C(=O)−CH₂−CH₂−CH₃

702. CH₃−CH₂−C(=O)−CH(NH₂)−CH₂−CH₃

703. CH₃−CH₂−C(=O)−CH₂−CH(NH₂)−CH₃

704. CH₃−CH₂−C(=O)−CH₂−CH₂−CH₂−NH₂

705. H₂N−CH₂−C(=O)−CH₂−CH₂−CH₂−CH₃

706. CH₃−C(=O)−CH(NH₂)−CH₂−CH₂−CH₃

707. CH₃−C(=O)−CH₂−CH(NH₂)−CH₂−CH₃

708. CH₃−C(=O)−CH₂−CH₂−CH(NH₂)−CH₃

709. CH₃−C(=O)−CH₂−CH₂−CH₂−CH₂−NH₂

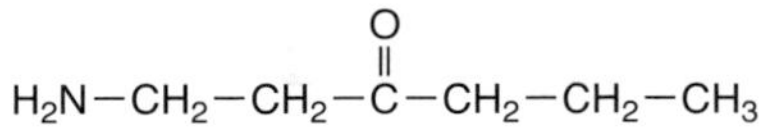

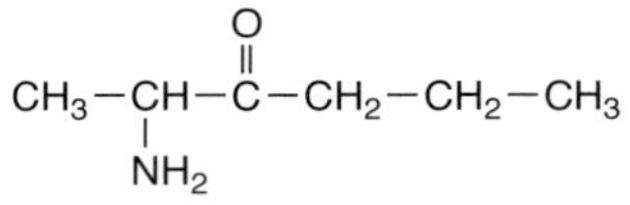

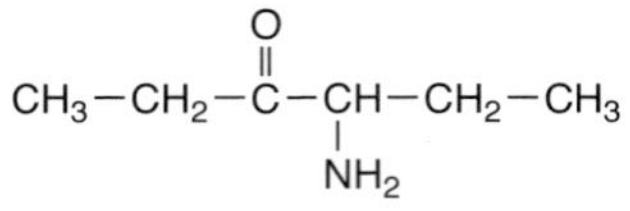

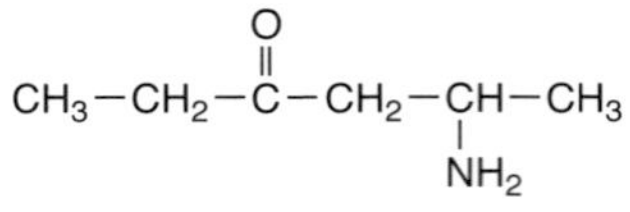

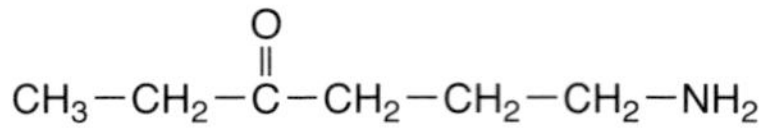

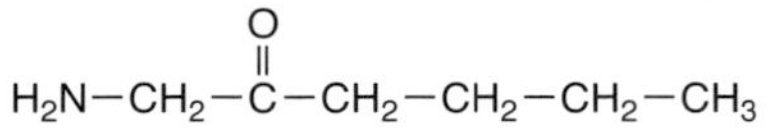

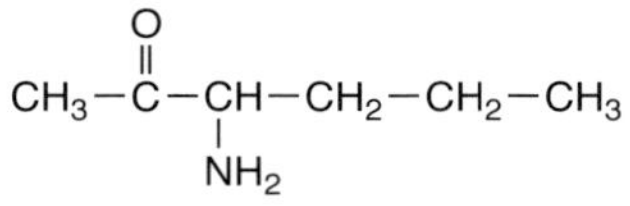

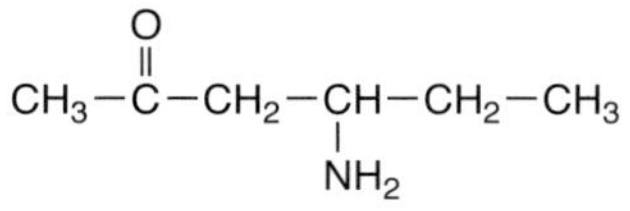

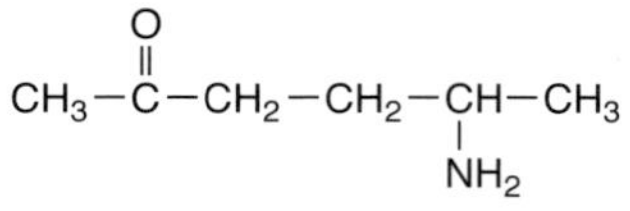

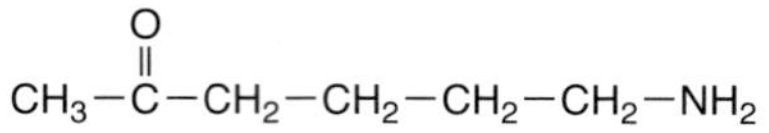

!Hint：命名の優先順位は，ケトン＞アミン．

カルボン酸

カルボキシ基をもつ化合物

実施日： 月 日

命名のポイント

A. カルボキシ基以外に置換基（枝分かれ）がない場合

①主鎖の炭素数を数える

> カルボキシ基（COOH）の炭素も主鎖に含めて数えよう！

②同じ炭素数のアルカンの語尾（-e）を酸（-oic acid）に変える

例：ヘキサン（hexan<u>e</u>）
→ ヘキサン酸（hexan<u>oic acid</u>）

③カルボキシ基の位置番号は1とする

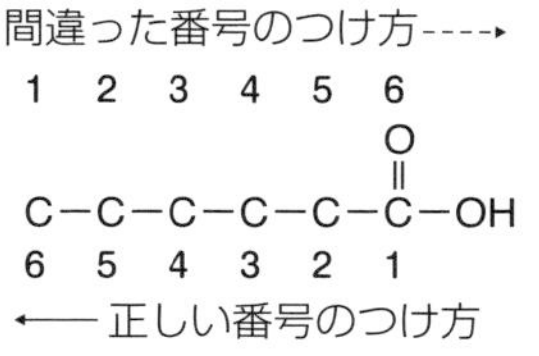

```
      間違った番号のつけ方 ---→
       1 2 3 4 5 6
                   O
                   ‖
       C-C-C-C-C-C-OH
       6 5 4 3 2 1
      ←── 正しい番号のつけ方
```

                                 カルボキシ基
                                  ┌──┐
                                  │O │
                                  │‖ │
CH₃−CH₂−CH₂−CH₂−CH₂−│C−OH│
                                  └──┘
- 炭素数6：hexane → hexanoic acid
- カルボキシ基の位置：1位の炭素
  → ヘキサン酸

> カルボキシ基は主鎖の一番端にしかこないので、カルボキシ基の位置番号は不要

B. カルボキシ基以外に置換基（枝分かれ）がある場合

①主鎖の炭素数を数える

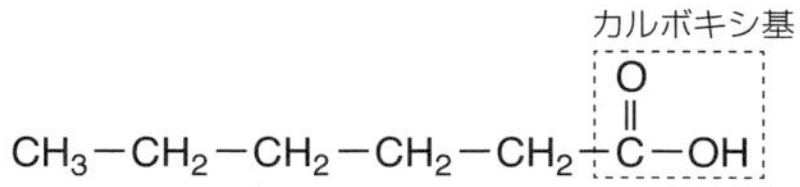

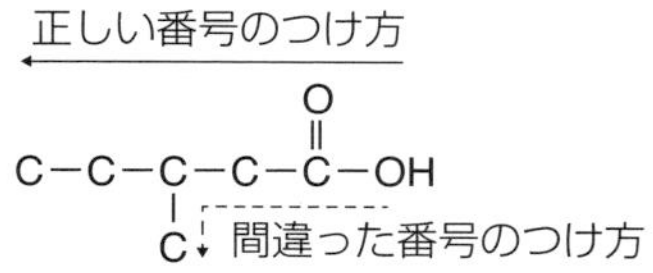

```
       ←── 正しい番号のつけ方
              O
              ‖
       C-C-C-C-C-OH
           |
           C  ←間違った番号のつけ方
```

②同じ炭素数のアルカンの語尾（-e）を酸（-oic acid）に変える

③置換基の種類と数を確認する

> 命名の優先順位は，カルボン酸＞アルデヒド＞ケトン＞アルコール＞アミン＞エーテル

④置換基の位置を確認する

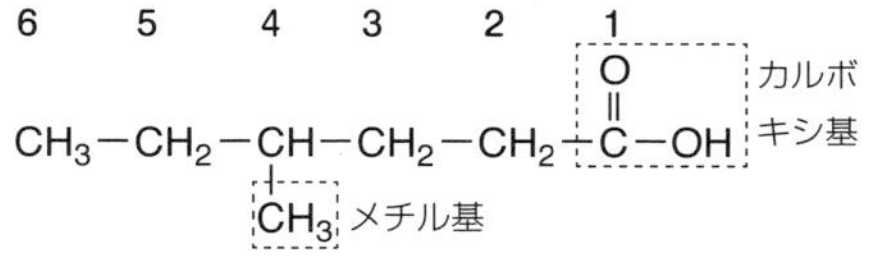

```
       6   5   4   3   2   1
                          ┌─O─┐ カルボ
                          │‖ │ キシ基
CH₃−CH₂−CH−CH₂−CH₂−│C−OH│
              |           └───┘
            ┌CH₃┐ メチル基
            └───┘
```

- 炭素数6：hexane → hexanoic acid
- カルボニル基の位置：1位の炭素
- メチル基の位置：4位の炭素
  → 4-メチルヘキサン酸

・74〜80の化合物について，それぞれIUPAC名を答えよ．

74 カルボン酸　　目安時間 5分

710. H−COOH

711. CH_3−COOH

712. CH_3−CH_2−COOH

713. CH_3−CH_2−CH_2−COOH

714. CH_3−CH_2−CH_2−CH_2−COOH

715. CH_3−CH_2−CH_2−CH_2−CH_2−COOH

!Hint：カルボキシ基の炭素も忘れずに数えよう．

15章 カルボン酸

75 クロロ基をもつカルボン酸 目安時間 15分

716. Cl−CH₂−COOH

717. Cl−CH₂−CH₂−COOH

718. CH₃−CH−COOH
         |
         Cl

719. Cl−CH₂−CH₂−CH₂−COOH

720. CH₃−CH−CH₂−COOH
         |
         Cl

721. CH₃−CH₂−CH−COOH
              |
              Cl

722. Cl−CH₂−CH₂−CH₂−CH₂−COOH

723. CH₃−CH−CH₂−CH₂−COOH
         |
         Cl

724. CH₃−CH₂−CH−CH₂−COOH
              |
              Cl

725. CH₃−CH₂−CH₂−CH−COOH
                   |
                   Cl

726. Cl−CH₂−CH₂−CH₂−CH₂−CH₂−COOH

727. CH₃−CH−CH₂−CH₂−CH₂−COOH
         |
         Cl

728. CH₃−CH₂−CH−CH₂−CH₂−COOH
              |
              Cl

729. CH₃−CH₂−CH₂−CH−CH₂−COOH
                   |
                   Cl

730. CH₃−CH₂−CH₂−CH₂−CH−COOH
                        |
                        Cl

Hint：まずカルボン酸として命名．その後にクロロ基の位置を示そう．

76 メチル基をもつカルボン酸（1） 目安時間 10分

731. CH₃−CH−COOH
         |
         CH₃

732. CH₃−CH−CH₂−COOH
         |
         CH₃

733. CH₃−CH₂−CH−COOH
              |
              CH₃

734. CH₃−CH−CH₂−CH₂−COOH
         |
         CH₃

735. CH₃−CH₂−CH−CH₂−COOH
              |
              CH₃

736. CH₃−CH₂−CH₂−CH−COOH
                   |
                   CH₃

737. CH₃−CH−CH₂−CH₂−CH₂−COOH
         |
         CH₃

738. CH₃−CH₂−CH−CH₂−CH₂−COOH
              |
              CH₃

739. CH₃−CH₂−CH₂−CH−CH₂−COOH
                   |
                   CH₃

740. CH₃−CH₂−CH₂−CH₂−CH−COOH
                        |
                        CH₃

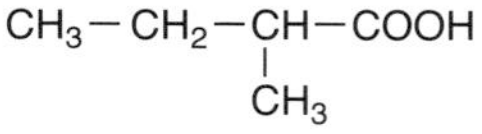

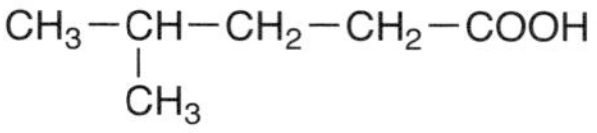

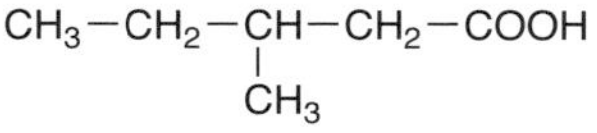

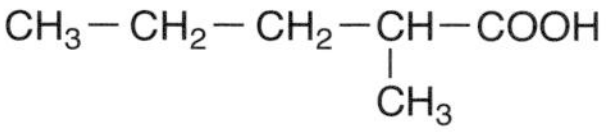

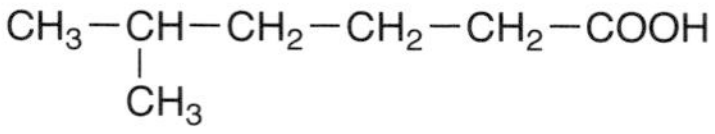

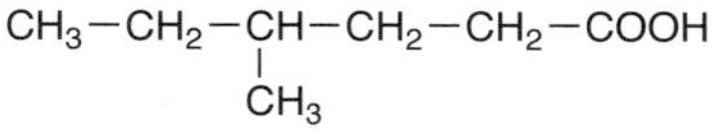

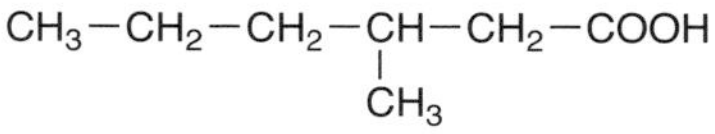

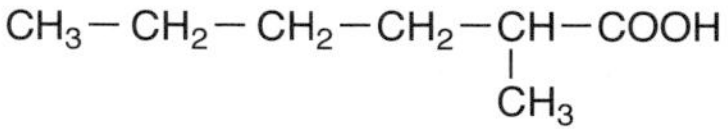

Hint：まずカルボン酸として命名．その後にメチル基の位置を示そう．

77 メチル基をもつカルボン酸（2）

目安時間 分

741. CH₃−CH−CH−COOH
         | |
         CH₃ CH₃

742. CH₃−CH−CH−CH₂−COOH
         | |
         CH₃ CH₃

743. CH₃−CH−CH₂−CH−COOH
         | |
         CH₃   CH₃

744.   CH₃
               |
     CH₃−CH₂−CH₂−C−COOH
               |
               CH₃

745.   CH₃
               |
     CH₃−CH₂−C−CH₂−COOH
               |
               CH₃

746. CH₃−CH₂−CH₂−CH−CH−COOH
                   | |
                   CH₃ CH₃

747.   CH₃
               |
     CH₃−CH−CH−CH₂−CH₂−COOH
         |
         CH₃

748. CH₃−CH−CH₂−CH₂−CH−COOH
         | |
         CH₃   CH₃

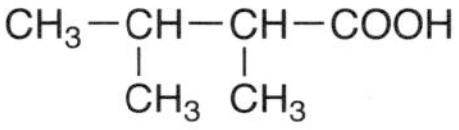

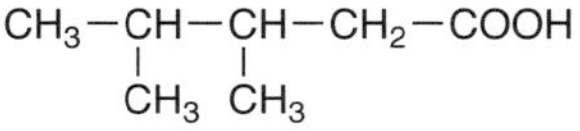

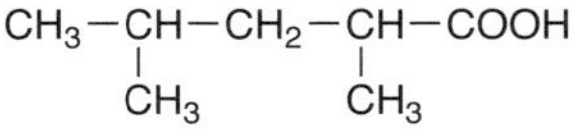

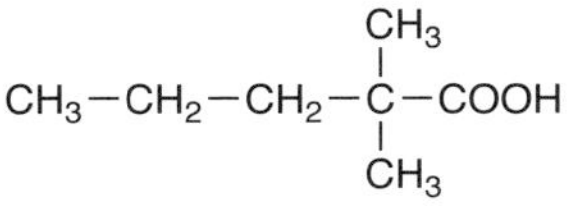

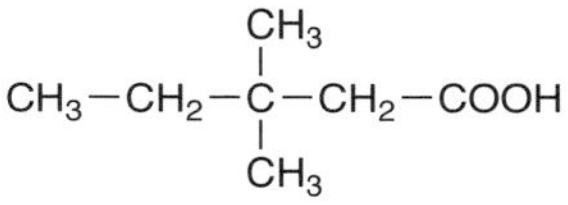

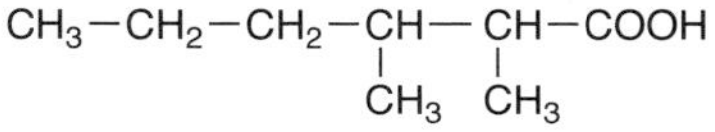

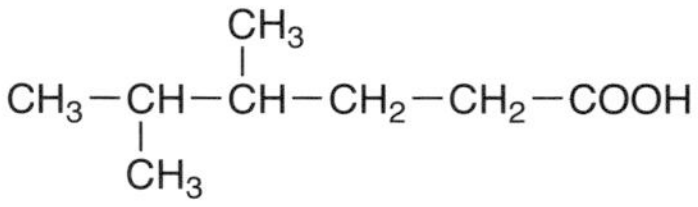

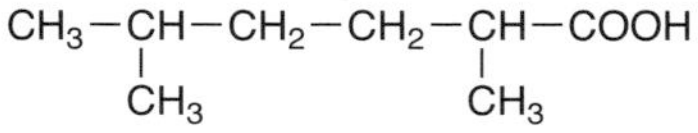

15章　カルボン酸

749. CH₃-C(CH₃)(CH₃)-CH₂-CH₂-CH₂-COOH

750. CH₃-CH₂-CH(CH₃)-CH(CH₃)-CH₂-COOH

751. CH₃-CH₂-CH(CH₃)-CH₂-CH(CH₃)-COOH

752. CH₃-CH₂-C(CH₃)(CH₃)-CH₂-CH₂-COOH

753. CH₃-CH(CH₃)-CH₂-CH(CH₃)-CH₂-COOH

754. CH₃-CH₂-CH₂-C(CH₃)(CH₃)-CH₂-COOH

755. CH₃-CH₂-CH₂-CH₂-C(CH₃)(CH₃)-COOH

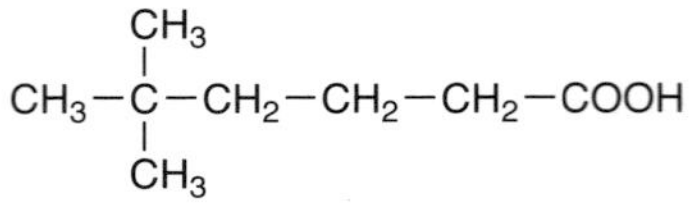

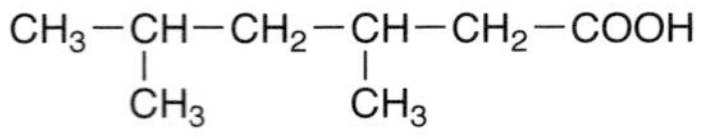

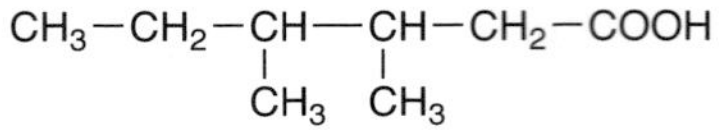

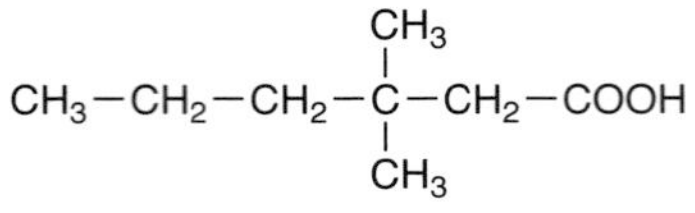

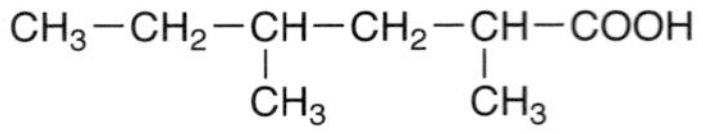

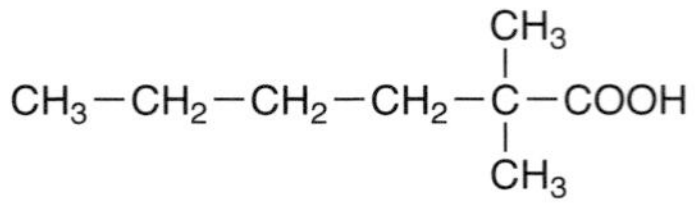

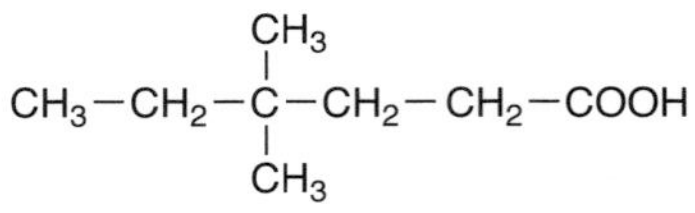

Hint：まずカルボン酸として命名，その後にメチル基の数と位置を確認しよう

78　ヒドロキシ基をもつカルボン酸

目安時間 分

756. HO-CH₂-COOH

757. HO-CH₂-CH₂-COOH

758. CH₃-CH(OH)-COOH

759. HO-CH₂-CH₂-CH₂-COOH

760. CH₃-CH(OH)-CH₂-COOH

761. CH₃-CH₂-CH(OH)-COOH

762. HO-CH₂-CH₂-CH₂-CH₂-COOH

763. CH₃-CH(OH)-CH₂-CH₂-COOH

764. CH₃-CH₂-CH(OH)-CH₂-COOH

765. CH₃-CH₂-CH₂-CH(OH)-COOH

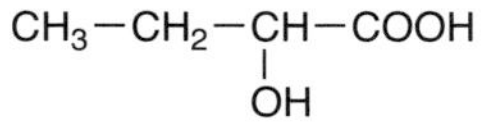

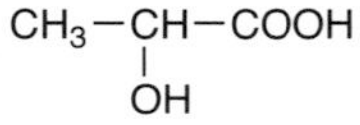

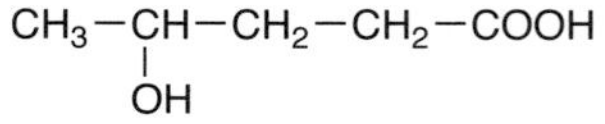

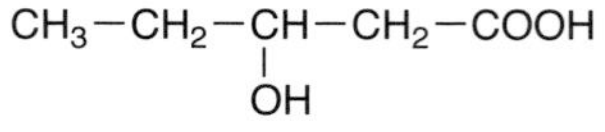

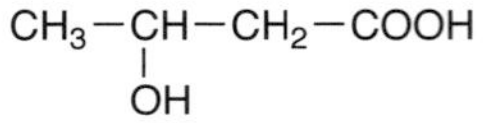

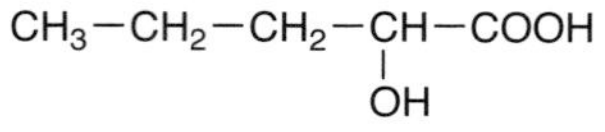

766. HO−CH₂−CH₂−CH₂−CH₂−CH₂−COOH

767. CH₃−CH−CH₂−CH₂−CH₂−COOH
          |
          OH

768. CH₃−CH₂−CH−CH₂−CH₂−COOH
              |
              OH

769. CH₃−CH₂−CH₂−CH−CH₂−COOH
                    |
                    OH

770. CH₃−CH₂−CH₂−CH₂−CH−COOH
                        |
                        OH

!Hint：命名の優先順位はカルボン酸（カルボキシ基）＞アルコール（ヒドロキシ基）の順．まずはカルボン酸として命名しよう．

79 アミノ基をもつカルボン酸

目安時間

771. H₂N−CH₂−COOH

772. H₂N−CH₂−CH₂−COOH

773. CH₃−CH−COOH
          |
          NH₂

774. H₂N−CH₂−CH₂−CH₂−COOH

775. CH₃−CH−CH₂−COOH
          |
          NH₂

776. CH₃−CH₂−CH−COOH
              |
              NH₂

777. H₂N−CH₂−CH₂−CH₂−CH₂−COOH

778. CH₃−CH−CH₂−CH₂−COOH
          |
          NH₂

779. CH₃−CH₂−CH−CH₂−COOH
              |
              NH₂

780. CH₃−CH₂−CH₂−CH−COOH
                    |
                    NH₂

781. H₂N−CH₂−CH₂−CH₂−CH₂−CH₂−COOH

782. CH₃−CH−CH₂−CH₂−CH₂−COOH
          |
          NH₂

783. CH₃−CH₂−CH−CH₂−CH₂−COOH
              |
              NH₂

784. CH₃−CH₂−CH₂−CH−CH₂−COOH
                    |
                    NH₂

15章 カルボン酸

785. CH₃−CH₂−CH₂−CH₂−CH−COOH
　　　　　　　　　　　　　　｜
　　　　　　　　　　　　　　NH₂

> Hint：命名の優先順位はカルボン酸（カルボキシ基）＞アミン（アミノ基）の順。

80 カルボニル基をもつカルボン酸

　目安時間 15 分

786. CH₃−C−COOH
　　　　‖
　　　　O

787. CH₃−C−CH₂−COOH
　　　　‖
　　　　O

788. CH₃−CH₂−C−COOH
　　　　　　　‖
　　　　　　　O

789. CH₃−C−CH₂−CH₂−COOH
　　　　‖
　　　　O

790. CH₃−CH₂−C−CH₂−COOH
　　　　　　　‖
　　　　　　　O

791. CH₃−CH₂−CH₂−C−COOH
　　　　　　　　　　‖
　　　　　　　　　　O

792. CH₃−C−CH₂−CH₂−CH₂−COOH
　　　　‖
　　　　O

793. CH₃−CH₂−C−CH₂−CH₂−COOH
　　　　　　　‖
　　　　　　　O

794. CH₃−CH₂−CH₂−C−CH₂−COOH
　　　　　　　　　　‖
　　　　　　　　　　O

795. CH₃−CH₂−CH₂−CH₂−C−COOH
　　　　　　　　　　　　　‖
　　　　　　　　　　　　　O

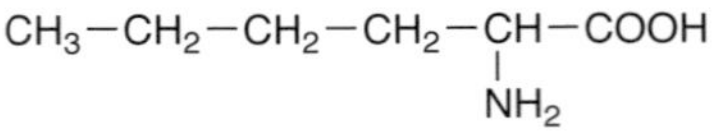

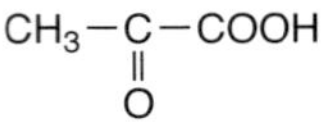

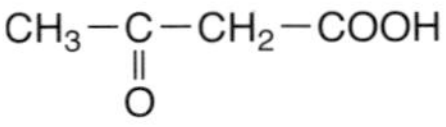

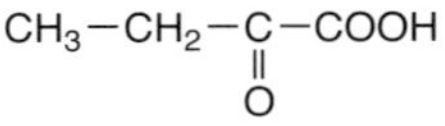

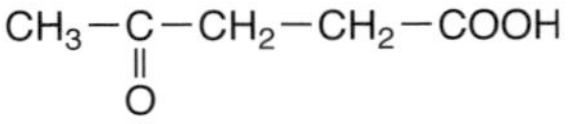

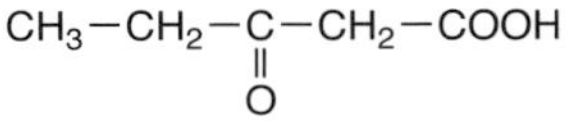

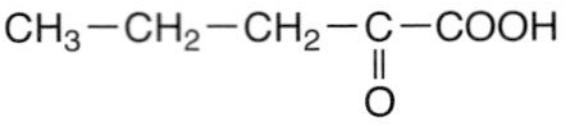

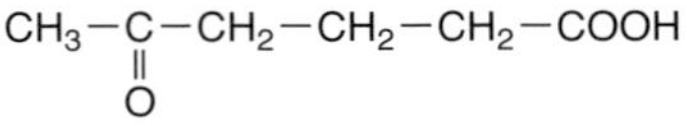

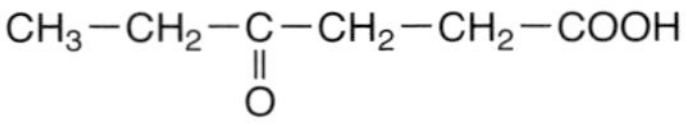

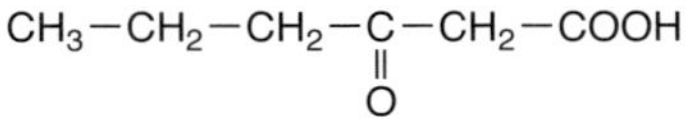

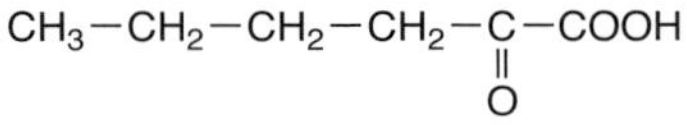

> Hint：命名の優先順位はカルボン酸（カルボキシ基）＞ケトン（カルボニル基）の順。

16 カルボン酸エステル
エステル結合をもつ化合物

実施日：　月　　日

命名のポイント

A. エステル結合のみで置換基（枝分かれ）のない場合

①カルボン酸の誘導体として主鎖の炭素数を数える
　例：ヘキサン（hexane）
　　→ ヘキサン酸（hexanoic acid）

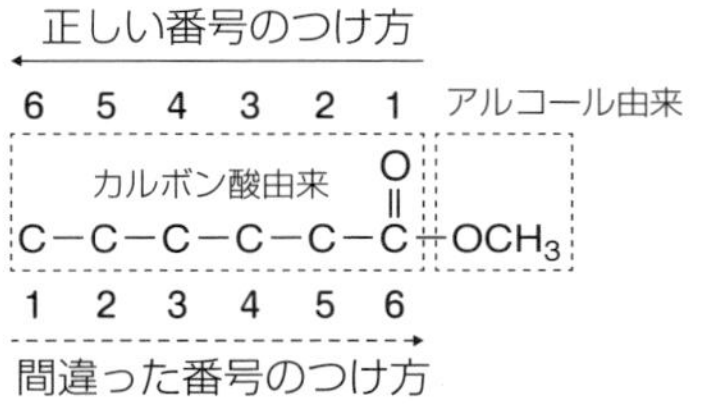

正しい番号のつけ方
←
6 5 4 3 2 1　アルコール由来
カルボン酸由来
C-C-C-C-C-C-OCH₃
1 2 3 4 5 6
→
間違った番号のつけ方

カルボン酸とアルコールに分けて考えよう！
カルボニル炭素も含めて数えよう！

②アルコール由来のアルキル基の種類を確認する
③「（カルボン酸）＋（アルキル基）」で命名する

英語の場合は，カルボン酸の語尾（-ic acid）を「-ate」に変え，「（アルキル基）＋（カルボン酸エステル）」で命名する．
例：methyl hexanoate

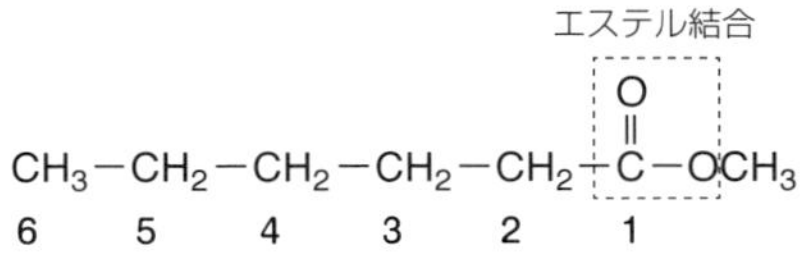

エステル結合
　　　　　　　　　　　　　O
　　　　　　　　　　　　　‖
CH₃－CH₂－CH₂－CH₂－CH₂－C－OCH₃
 6   5   4   3   2   1

・炭素数6：hexane → hexano**ate**
・アルコール由来のアルキル基：メチル基
　→ ヘキサン酸メチル

B. エステル結合と置換基（枝分かれ）がある場合

①カルボン酸の誘導体として主鎖の炭素数を数える

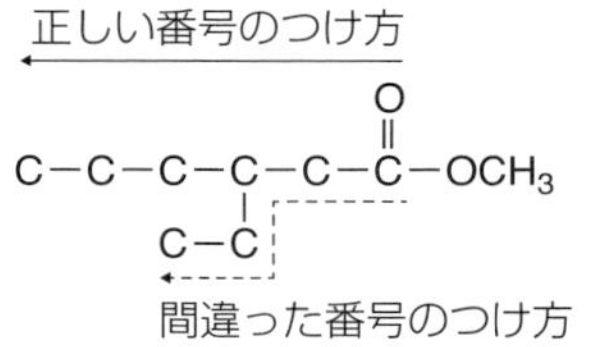

正しい番号のつけ方
←
　　　　　　　O
　　　　　　　‖
C-C-C-C-C-C-OCH₃
　　　｜
　　　C-C
間違った番号のつけ方

②アルコール由来のアルキル基の種類を確認する
③「（カルボン酸）＋（アルキル基）」で命名する
④置換基の種類と数を確認する

優先順位は，カルボン酸＞カルボン酸誘導体＞アルデヒド＞ケトン＞アルコール＞アミン＞エーテル

⑤置換基の位置を確認する

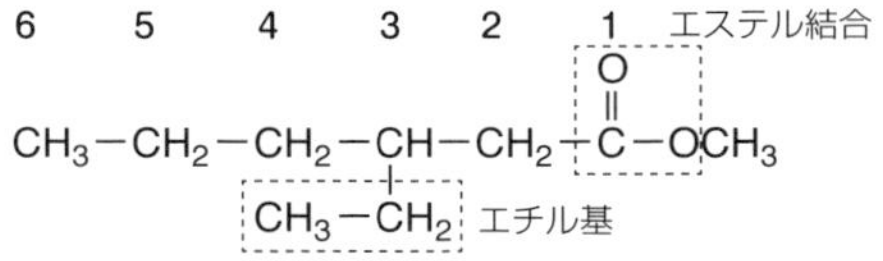

 6   5   4   3   2   1　エステル結合
　　　　　　　　　　　　　O
　　　　　　　　　　　　　‖
CH₃－CH₂－CH₂－CH－CH₂－C－OCH₃
　　　　　　　｜
　　　　　　CH₃－CH₂　エチル基

・炭素数6：hexane → hexano**ate**
・アルコール由来のアルキル基：メチル基
・エチル基の位置：3位の炭素
　→ 3-エチルヘキサン酸メチル

・81〜85の化合物について，それぞれIUPAC名を答えよ．

81　カルボン酸エステル　　目安時間 5 分

796. H－COOCH₃

797. CH₃－COOC₂H₅

798. CH₃－CH₂－COOCH₃

799. CH₃－CH₂－CH₂－COOC₂H₅

— 63 —

16章 カルボン酸エステル

800. $CH_3-CH_2-CH_2-CH_2-COOCH_3$

801. $CH_3-CH_2-CH_2-CH_2-CH_2-COOCH_3$

!Hint：カルボン酸の誘導体として主鎖を探そう．

82 クロロ基をもつカルボン酸エステル　目安時間 15 分

802. $Cl-CH_2-COOCH_3$

803. $Cl-CH_2-CH_2-COOC_2H_5$

804. $CH_3-\underset{Cl}{CH}-COOCH_3$

805. $Cl-CH_2-CH_2-CH_2-COOC_2H_5$

806. $CH_3-\underset{Cl}{CH}-CH_2-COOCH_3$

807. $CH_3-CH_2-\underset{Cl}{CH}-COOC_2H_5$

808. $Cl-CH_2-CH_2-CH_2-CH_2-COOC_2H_5$

809. $CH_3-\underset{Cl}{CH}-CH_2-CH_2-COOCH_3$

810. $CH_3-CH_2-\underset{Cl}{CH}-CH_2-COOC_2H_5$

811. $CH_3-CH_2-CH_2-\underset{Cl}{CH}-COOCH_3$

812. $Cl-CH_2-CH_2-CH_2-CH_2-CH_2-COOC_2H_5$

813. $CH_3-\underset{Cl}{CH}-CH_2-CH_2-CH_2-COOCH_3$

814. $CH_3-CH_2-\underset{Cl}{CH}-CH_2-CH_2-COOC_2H_5$

815. $CH_3-CH_2-CH_2-\underset{Cl}{CH}-CH_2-COOCH_3$

816. $CH_3-CH_2-CH_2-CH_2-\underset{Cl}{CH}-COOC_2H_5$

!Hint：まずはカルボン酸エステルとして命名．その後にクロロ基の位置を示そう．

83 メチル基をもつカルボン酸エステル（1）　目安時間 10 分

817. CH₃−CH−COOCH₃
　　　　｜
　　　　CH₃

818. CH₃−CH−CH₂−COOC₂H₅
　　　　｜
　　　　CH₃

819. CH₃−CH₂−CH−COOCH₃
　　　　　　　｜
　　　　　　　CH₃

820. CH₃−CH−CH₂−CH₂−COOC₂H₅
　　　　｜
　　　　CH₃

821. CH₃−CH₂−CH−CH₂−COOCH₃
　　　　　　　｜
　　　　　　　CH₃

822. CH₃−CH₂−CH₂−CH−COOC₂H₅
　　　　　　　　　　｜
　　　　　　　　　　CH₃

823. CH₃−CH−CH₂−CH₂−CH₂−COOCH₃
　　　　｜
　　　　CH₃

824. CH₃−CH₂−CH−CH₂−CH₂−COOC₂H₅
　　　　　　　｜
　　　　　　　CH₃

825. CH₃−CH₂−CH₂−CH−CH₂−COOCH₃
　　　　　　　　　　｜
　　　　　　　　　　CH₃

826. CH₃−CH₂−CH₂−CH₂−CH−COOC₂H₅
　　　　　　　　　　　　　｜
　　　　　　　　　　　　　CH₃

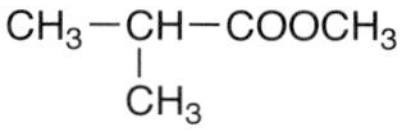

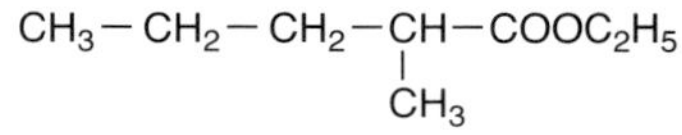

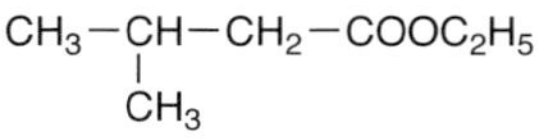

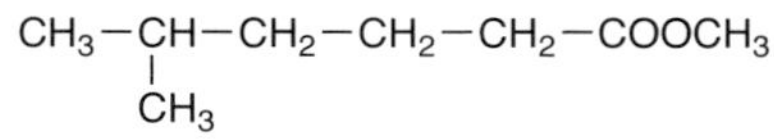

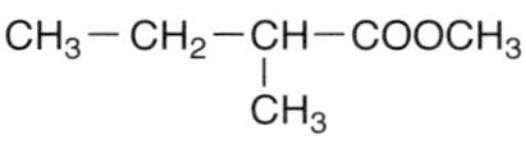

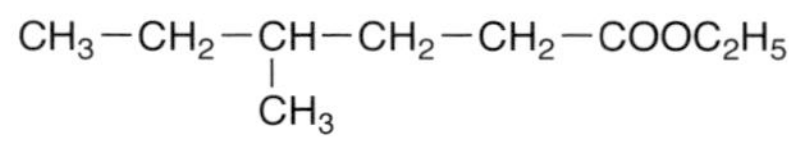

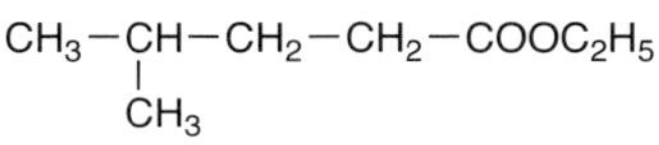

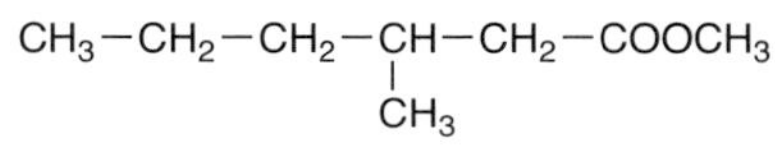

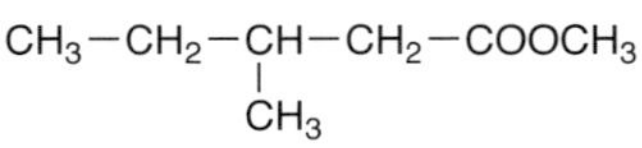

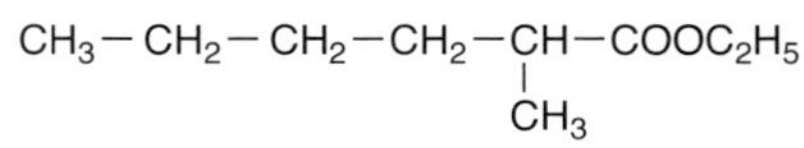

Hint：まずはカルボン酸エステルとして命名．その後にメチル基の位置を示そう．

84 メチル基をもつカルボン酸エステル（2）　目安時間 15 分

827. CH₃−CH−CH−COOCH₃
　　　　｜　｜
　　　　CH₃ CH₃

828. CH₃−CH−CH−CH₂−COOCH₃
　　　　｜　｜
　　　　CH₃ CH₃

829. CH₃−CH−CH₂−CH−COOC₂H₅
　　　　｜　　　｜
　　　　CH₃　　CH₃

830. 　　　　　　CH₃
　　　　　　　｜
　　　CH₃−CH₂−CH₂−C−COOCH₃
　　　　　　　｜
　　　　　　　CH₃

831. 　　　　　　CH₃
　　　　　　　｜
　　　CH₃−CH₂−C−CH₂−COOC₂H₅
　　　　　　　｜
　　　　　　　CH₃

832. CH₃−CH₂−CH₂−CH−CH−COOC₂H₅
　　　　　　　　　　｜　｜
　　　　　　　　　　CH₃ CH₃

833. 　　　　　　CH₃
　　　　　　　｜
　　　CH₃−CH−CH−CH₂−CH₂−COOCH₃
　　　　　｜
　　　　　CH₃

834. CH₃−CH−CH₂−CH₂−CH−COOCH₃
　　　　｜　　　　　　｜
　　　　CH₃　　　　　 CH₃

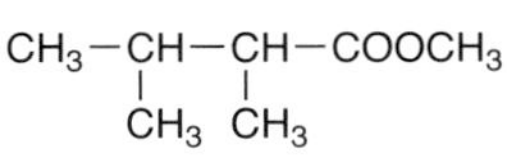

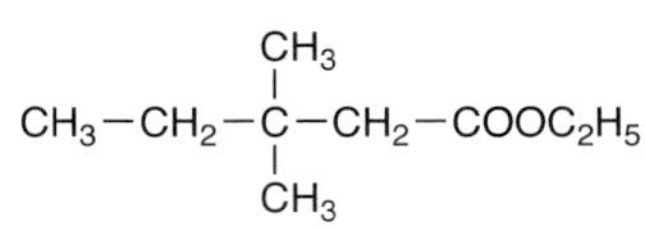

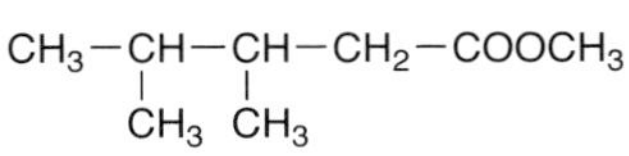

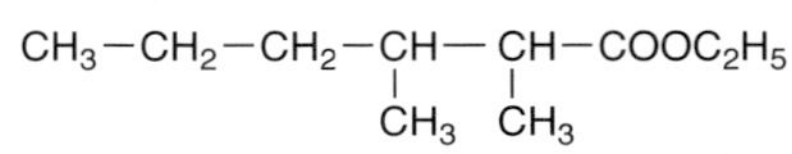

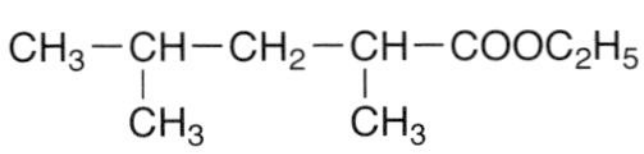

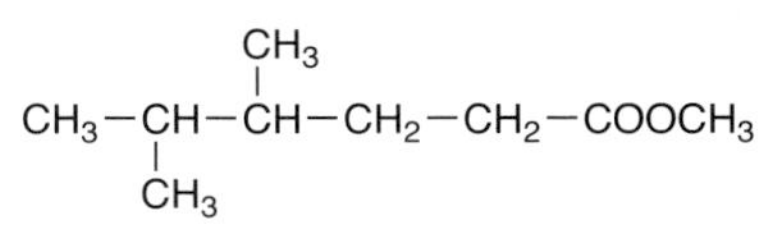

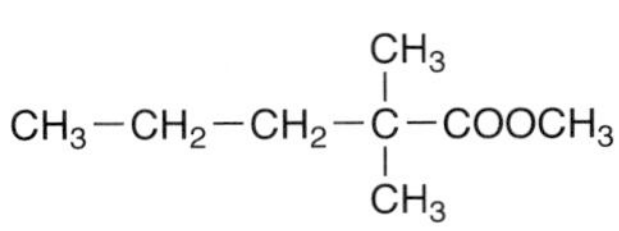

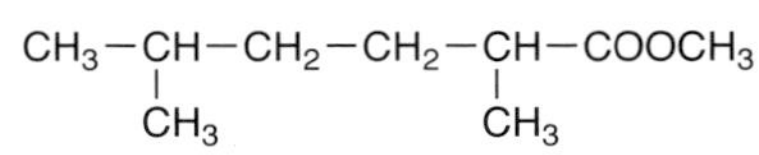

16章　カルボン酸エステル

835. CH₃-C(CH₃)(CH₃)-CH₂-CH₂-CH₂-COOC₂H₅

836. CH₃-CH(CH₃)-CH(CH₃)-CH₂-CH₂-COOC₂H₅

837. CH₃-CH₂-CH(CH₃)-CH₂-CH(CH₃)-COOCH₃

838. CH₃-C(CH₃)(CH₃)-CH₂-CH₂-CH₂-COOCH₃

839. CH₃-CH(CH₃)-CH₂-CH(CH₃)-CH₂-COOC₂H₅

840. CH₃-CH₂-CH₂-C(CH₃)(CH₃)-CH₂-COOC₂H₅

841. CH₃-CH₂-CH₂-CH₂-C(CH₃)(CH₃)-COOCH₃

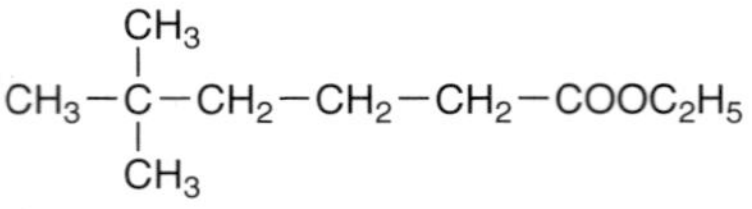

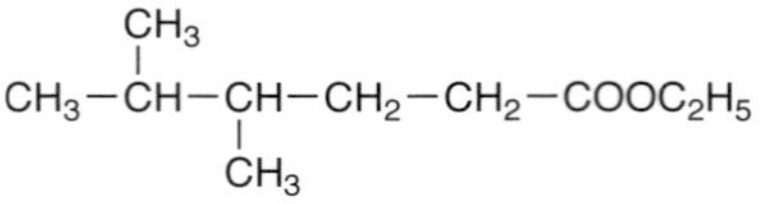

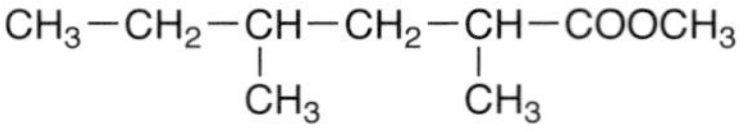

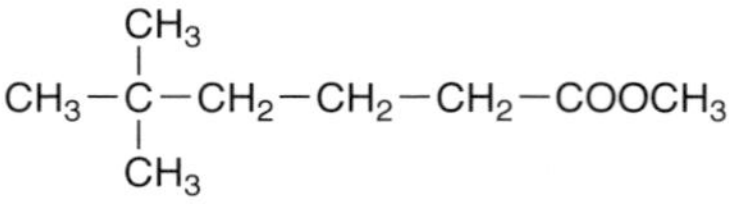

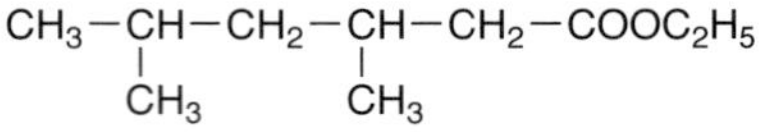

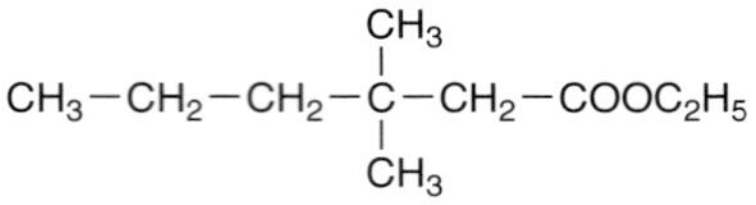

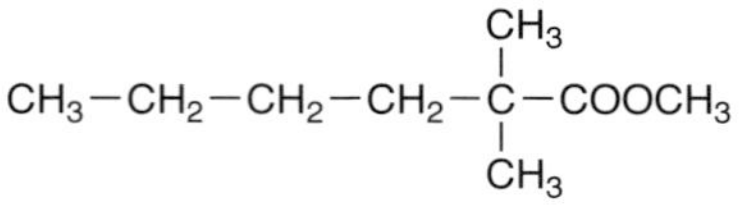

Hint：まずはカルボン酸エステルとして命名、その後にメチル基の数と位置を示そう。

85　カルボニル基をもつカルボン酸エステル

目安時間 分

842. CH₃-C(=O)-COOCH₃

843. CH₃-C(=O)-CH₂-COOC₂H₅

844. CH₃-CH₂-C(=O)-COOCH₃

845. CH₃-C(=O)-CH₂-CH₂-COOC₂H₅

846. CH₃-CH₂-C(=O)-CH₂-COOCH₃

847. CH₃-CH₂-CH₂-C(=O)-COOC₂H₅

848. CH₃-C(=O)-CH₂-CH₂-CH₂-COOCH₃

849. CH₃-CH₂-C(=O)-CH₂-CH₂-COOC₂H₅

850. CH₃-CH₂-CH₂-C(=O)-CH₂-COOCH₃

851. CH₃-CH₂-CH₂-CH₂-C(=O)-COOC₂H₅

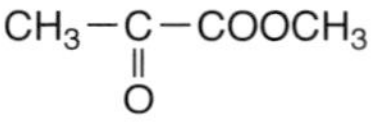

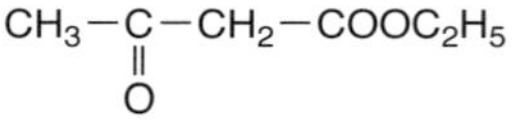

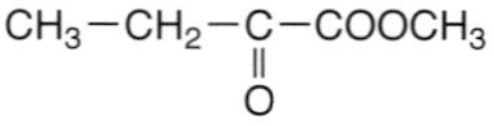

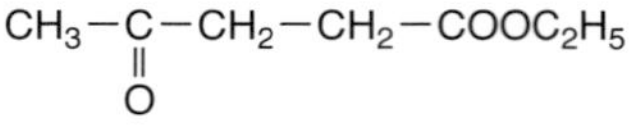

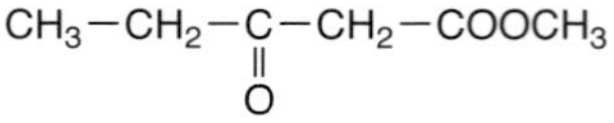

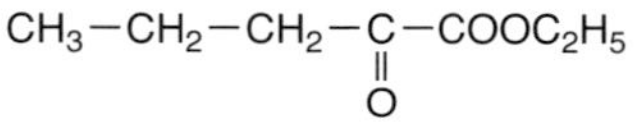

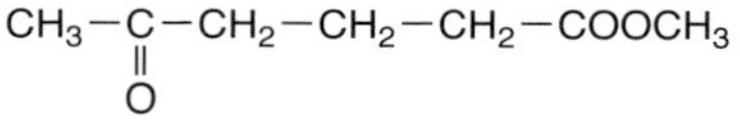

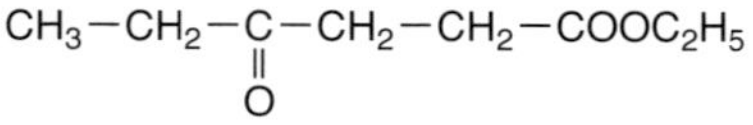

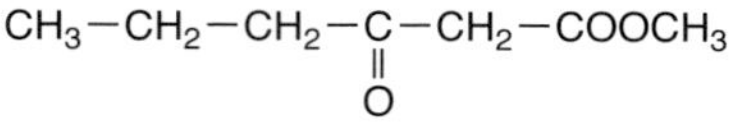

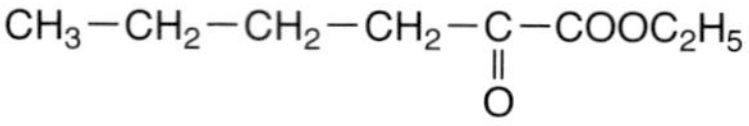

Hint：命名の優先順位はエステル（エステル結合）＞ケトン（カルボニル基）の順。

17 ニトリル
シアノ基をもつ化合物

実施日： 月 日

命名のポイント

A. シアノ基以外に置換基（枝分かれ）がない場合

①主鎖の炭素数を数える

> シアノ基（−CN）の炭素も主鎖に含めて数える！

②同じ炭素数のアルカンの語尾にニトリル（-nitrile）をつける

例：ヘキサン（hexane）
→ ヘキサンニトリル（hexane<u>nitrile</u>）

③シアノ基に含まれる炭素が1位になる

```
間違った番号のつけ方 ----→
    1 2 3 4 5 6
    C−C−C−C−C−CN
    6 5 4 3 2 1
    ←── 正しい番号のつけ方

    6      5       4       3       2     1
   CH₃−CH₂−CH₂−CH₂−CH₂−CN
```

- 炭素数6：hexane → hexanenitrile
- シアノ基の位置：1位の炭素
  → ヘキサンニトリル

> シアノ基は主鎖の一番端にしかこないので，シアノ基の位置番号は不要

B. シアノ基以外に置換基（枝分かれ）がある場合

①主鎖の炭素数を数える

②同じ炭素数のアルカンの語尾にニトリル（-nitrile）をつける

③置換基の種類と数を確認する

> 優先順位は，カルボン酸（誘導体）＞ニトリル＞アルデヒド＞ケトン＞アルコール＞アミン＞エーテル

④置換基の位置を確認する

```
         C ←── 間違った番号のつけ方
   C−C−C−C−C−CN
         ←── 正しい番号のつけ方

              CH₃
               |
   CH₃−CH₂−CH−CH₂−CH₂−CN
    6    5   4   3    2   1
```

- 炭素数6：hexane → hexanenitrile
- シアノ基の位置：1位の炭素
- メチル基の位置：4位の炭素
  → 4-メチルヘキサンニトリル

・86〜89の化合物について，それぞれIUPAC名を答えよ．

86 ニトリル　　　　　　　　　　　　　　　　目安時間 5 分

852. CH₃−CN

853. CH₃−CH₂−CN

854. CH₃−CH₂−CH₂−CN

855. CH₃−CH₂−CH₂−CH₂−CN

856. CH₃−CH₂−CH₂−CH₂−CH₂−CN

> Hint：シアノ基の炭素も主鎖に含めて数える．

17章 ニトリル

87 クロロ基をもつニトリル　目安時間 10分

857. Cl—CH₂—CN

858. Cl—CH₂—CH₂—CN

859. CH₃—CH—CN
          |
          Cl

860. Cl—CH₂—CH₂—CH₂—CN

861. CH₃—CH—CH₂—CN
          |
          Cl

862. CH₃—CH₂—CH—CN
              |
              Cl

863. Cl—CH₂—CH₂—CH₂—CH₂—CN

864. CH₃—CH—CH₂—CH₂—CN
          |
          Cl

865. CH₃—CH₂—CH—CH₂—CN
              |
              Cl

866. CH₃—CH₂—CH₂—CH—CN
                  |
                  Cl

867. Cl—CH₂—CH₂—CH₂—CH₂—CH₂—CN

868. CH₃—CH—CH₂—CH₂—CH₂—CN
          |
          Cl

869. CH₃—CH₂—CH—CH₂—CH₂—CN
              |
              Cl

870. CH₃—CH₂—CH₂—CH—CH₂—CN
                  |
                  Cl

871. CH₃—CH₂—CH₂—CH₂—CH—CN
                      |
                      Cl

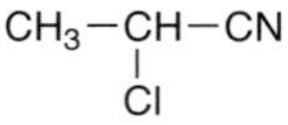

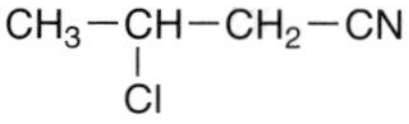

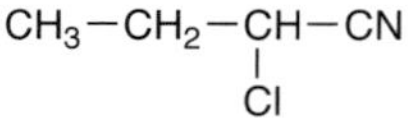

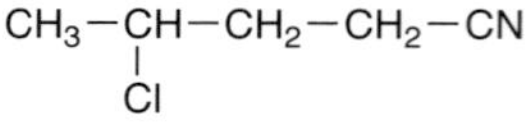

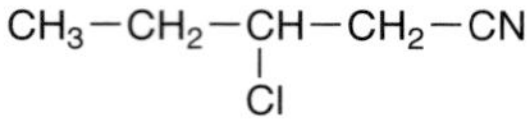

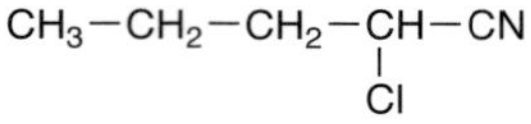

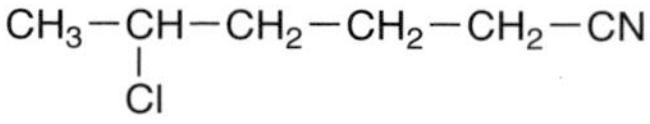

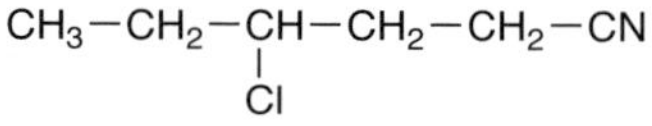

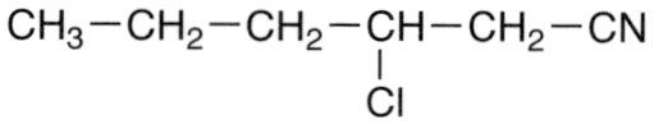

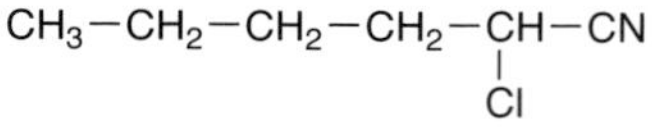

!Hint: シアノ基の炭素が1位. クロロ基の位置を確かめよう.

88 メチル基をもつニトリル（1） 目安時間 10 分

872. CH₃−CH−CN
        |
       CH₃

877. CH₃−CH₂−CH₂−CH−CN
                          |
                       CH₃

873. CH₃−CH−CH₂−CN
        |
       CH₃

878. CH₃−CH−CH₂−CH₂−CH₂−CN
        |
      CH₃

874. CH₃−CH₂−CH−CN
               |
             CH₃

879. CH₃−CH₂−CH−CH₂−CH₂−CN
               |
             CH₃

875. CH₃−CH−CH₂−CH₂−CN
        |
      CH₃

880. CH₃−CH₂−CH₂−CH−CH₂−CN
                     |
                   CH₃

876. CH₃−CH₂−CH−CH₂−CN
               |
             CH₃

881. CH₃−CH₂−CH₂−CH₂−CH−CN
                          |
                       CH₃

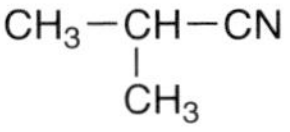

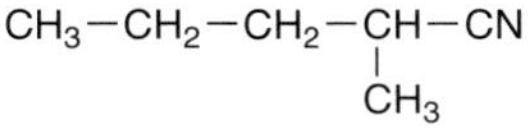

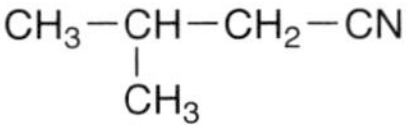

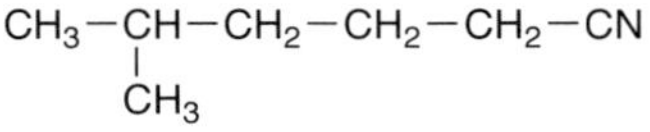

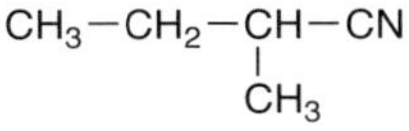

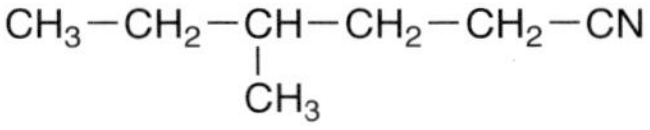

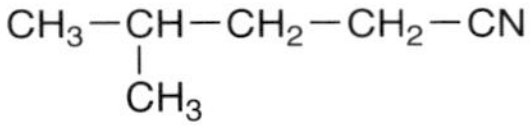

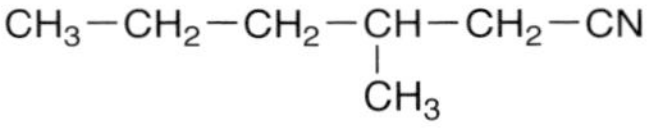

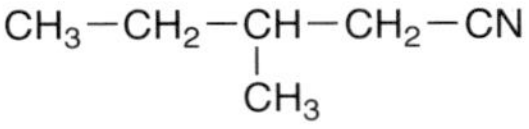

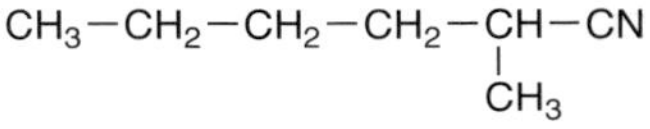

Hint：シアノ基の炭素が1位．メチル基の位置を確かめよう．

89 メチル基をもつニトリル（2） 目安時間 15 分

882. CH₃−CH−CH−CN
        | |
      CH₃ CH₃

884. CH₃−CH−CH₂−CH−CN
        | |
      CH₃   CH₃

883. CH₃−CH−CH−CH₂−CN
        | |
      CH₃ CH₃

885.
                          CH₃
                          |
CH₃−CH₂−CH₂−C−CN
                          |
                         CH₃

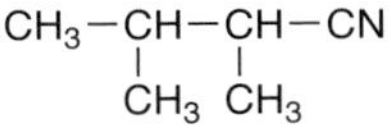

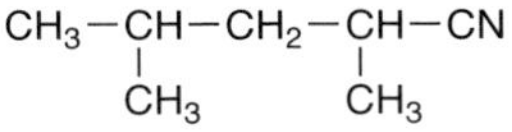

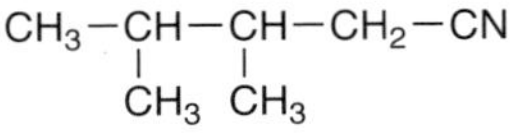

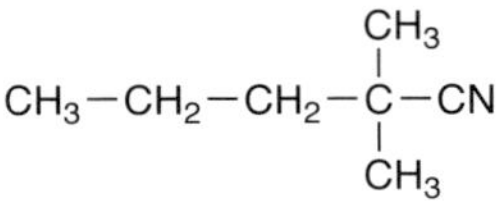

17章　ニトリル

886. CH₃−CH₂−C(CH₃)(CH₃)−CH₂−CN

887. CH₃−CH₂−CH₂−CH(CH₃)−CH(CH₃)−CN

888. CH₃−CH(CH₃)−CH(CH₃)−CH₂−CH₂−CN

889. CH₃−CH(CH₃)−CH₂−CH₂−CH(CH₃)−CN

890. CH₃−CH₂−C(CH₃)(CH₃)−CH₂−CH₂−CN

891. CH₃−CH₂−CH(CH₃)−CH(CH₃)−CH₂−CN

892. CH₃−CH₂−CH(CH₃)−CH₂−CH(CH₃)−CN

893. CH₃−C(CH₃)(CH₃)−CH₂−CH₂−CH₂−CN

894. CH₃−CH(CH₃)−CH₂−CH(CH₃)−CH₂−CN

895. CH₃−CH₂−CH₂−C(CH₃)(CH₃)−CH₂−CN

896. CH₃−CH₂−CH₂−CH₂−C(CH₃)(CH₃)−CN

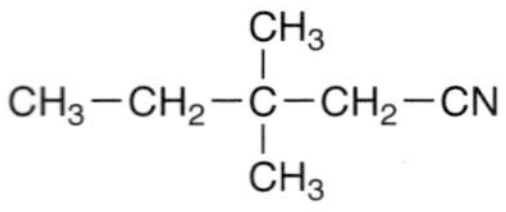

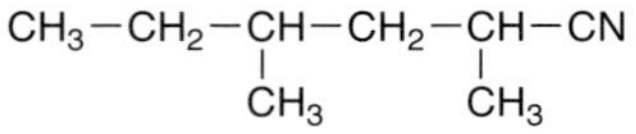

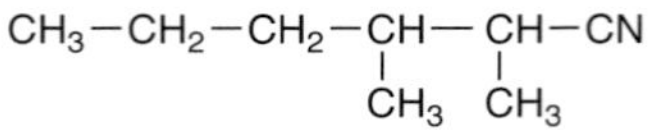

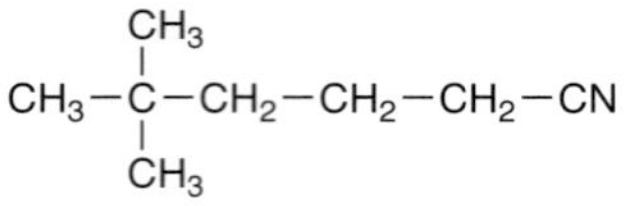

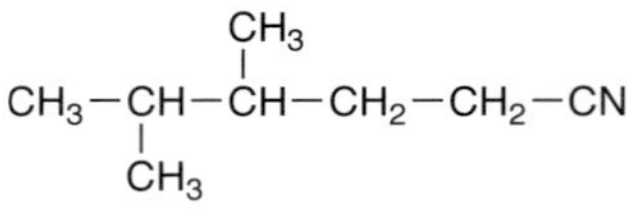

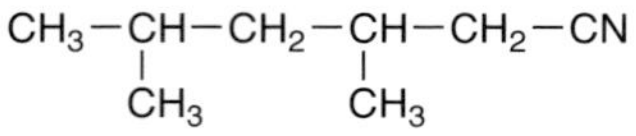

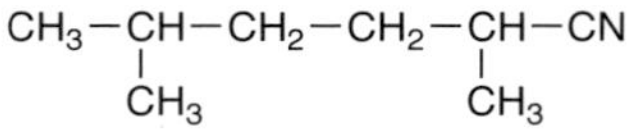

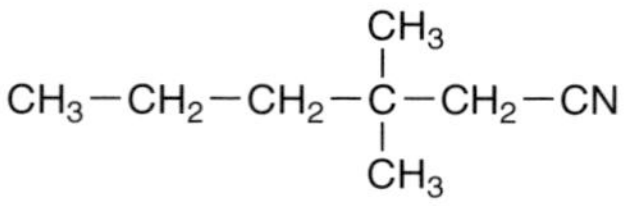

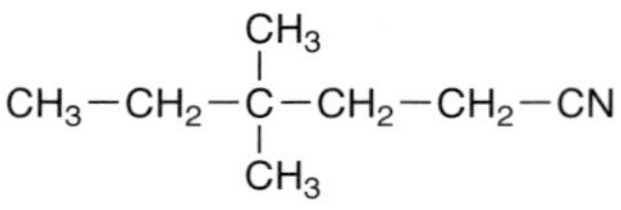

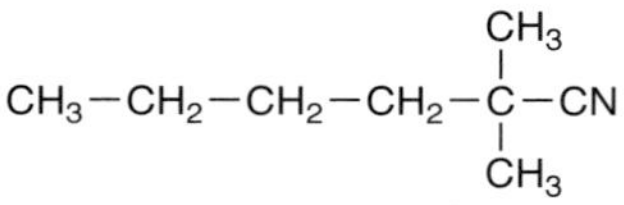

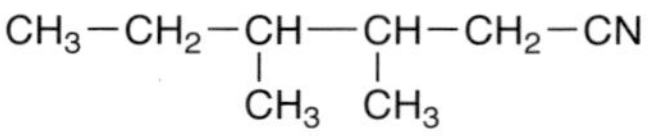

Hint：枝分かれに惑わされないように主鎖を見きわめよう。

18 酸塩化物
アシル基をもつ化合物

実施日：　　月　　日

命名のポイント

A. アシル基以外に置換基（枝分かれ）のない場合

①カルボン酸の誘導体として主鎖の炭素数を数える

例：ヘキサン（hexane）
　　→ヘキサン酸（hexanoic acid）

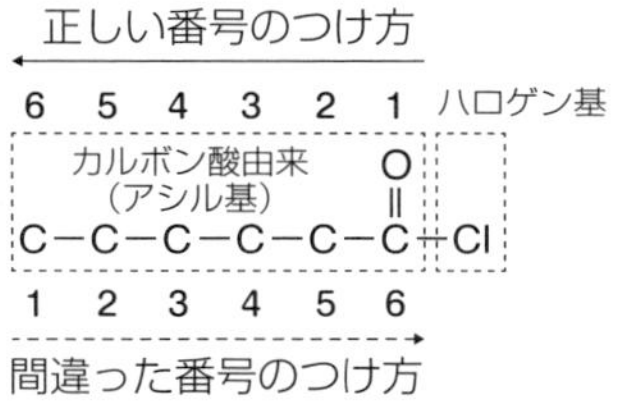

正しい番号のつけ方

```
  6  5  4  3  2  1   ハロゲン基
        カルボン酸由来    O
         （アシル基）     ‖
   C－C－C－C－C－C ┊Cl
   1  2  3  4  5  6
```
間違った番号のつけ方

> カルボン酸とハロゲンに分けて考えよう！
> アシル基の炭素も含めて数えよう！

②カルボン酸の語尾の酸（-oic acid）をオイル（-oyl）に変え，アシル基として命名する

例：ヘキサン酸（hexanoic acid）
　　→ヘキサノイル（hexanoyl）

③アシル基についているハロゲン基を確認する

④ハロゲン化アシルとして命名する

> 英語の場合は，「(アシル基)+(halide)」の順で命名する（例：hexanoyl chloride）

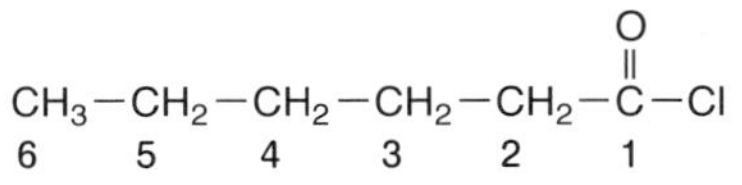

```
                        O
                        ‖
CH₃－CH₂－CH₂－CH₂－CH₂－C－Cl
 6    5    4    3    2   1
```
- 炭素数6：hexane → hexanoyl
- ハロゲン基：塩化（chrolide）
  → 塩化ヘキサノイル

B. アシル基以外に置換基（枝分かれ）のある場合

①カルボン酸の誘導体として主鎖の炭素数を数える

正しい番号のつけ方 ←
```
                 O
                 ‖
    C－C－C－C－C－C－Cl
          ┊
          C   間違った番号のつけ方
```

②カルボン酸の語尾の酸（-oic acid）をオイル（-oyl）に変え，アシル基として命名する．

③アシル基についているハロゲン基を確認する

④ハロゲン化アシルとして命名する

⑤置換基の種類と数を確認する

> 優先順位は，カルボン酸(誘導体)＞アルデヒド＞ケトン＞アルコール＞アミン＞エーテル

⑥置換基の位置を確認する

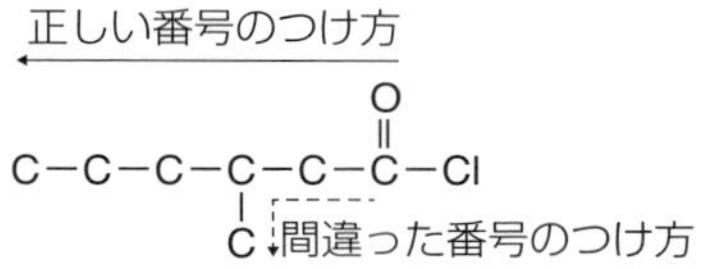

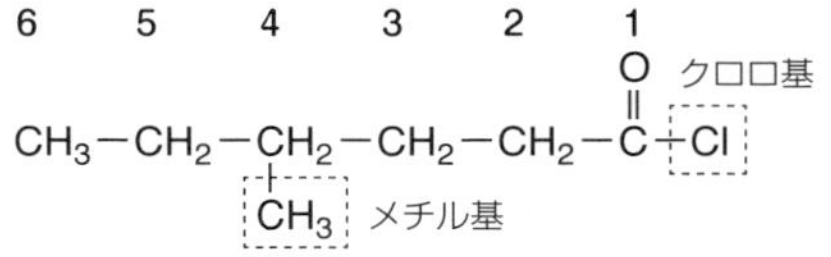

```
  6    5    4    3    2   1
                           O   クロロ基
                           ‖
CH₃－CH₂－CH₂－CH₂－CH₂－C┊Cl
            ┊
           CH₃  メチル基
```
- 炭素数6：hexane → hexanoyl
- ハロゲン基：塩化（chrolide）
- メチル基の位置：4位の炭素
  → 塩化4-メチルヘキサノイル

18章 酸塩化物

• 90～93の化合物について，それぞれ IUPAC 名を答えよ．

90 酸塩化物

897. H-COCl

898. CH₃-COCl

899. CH₃-CH₂-COCl

900. CH₃-CH₂-CH₂-COCl

901. CH₃-CH₂-CH₂-CH₂-COCl

902. CH₃-CH₂-CH₂-CH₂-CH₂-COCl

 Hint：まずはカルボン酸の誘導体として主鎖を考えよう

91 クロロ基をもつ酸塩化物

903. Cl-CH₂-COCl

904. Cl-CH₂-CH₂-COCl

905. CH₃-CH-COCl
         |
         Cl

906. Cl-CH₂-CH₂-CH₂-COCl

907. CH₃-CH-CH₂-COCl
         |
         Cl

908. CH₃-CH₂-CH-COCl
              |
              Cl

909. Cl-CH₂-CH₂-CH₂-CH₂-COCl

910. CH₃-CH-CH₂-CH₂-COCl
         |
         Cl

911. CH₃-CH₂-CH-CH₂-COCl
              |
              Cl

912. CH₃-CH₂-CH₂-CH-COCl
                   |
                   Cl

913. Cl-CH₂-CH₂-CH₂-CH₂-CH₂-COCl

914. CH₃-CH-CH₂-CH₂-CH₂-COCl
         |
         Cl

915. CH₃−CH₂−CH−CH₂−CH₂−COCl
              |
              Cl

916. CH₃−CH₂−CH₂−CH−CH₂−COCl
                    |
                    Cl

917. CH₃−CH₂−CH₂−CH₂−CH−COCl
                       |
                       Cl

Hint：まず酸塩化物として命名．その後にクロロ基の位置を示そう．

92 メチル基をもつ酸塩化物（1）

目安時間 分

918. CH₃−CH−COCl
          |
          CH₃

919. CH₃−CH−CH₂−COCl
          |
          CH₃

920. CH₃−CH₂−CH−COCl
               |
               CH₃

921. CH₃−CH−CH₂−CH₂−COCl
          |
          CH₃

922. CH₃−CH₂−CH−CH₂−COCl
               |
               CH₃

923. CH₃−CH₂−CH₂−CH−COCl
                    |
                    CH₃

924. CH₃−CH−CH₂−CH₂−CH₂−COCl
          |
          CH₃

925. CH₃−CH₂−CH−CH₂−CH₂−COCl
               |
               CH₃

926. CH₃−CH₂−CH₂−CH−CH₂−COCl
                    |
                    CH₃

927. CH₃−CH₂−CH₂−CH₂−CH−COCl
                       |
                       CH₃

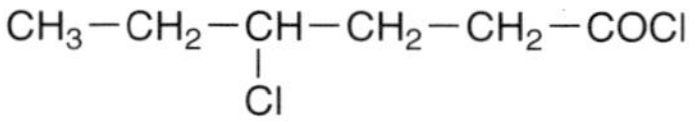

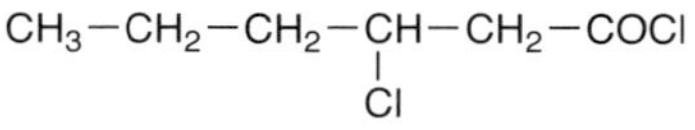

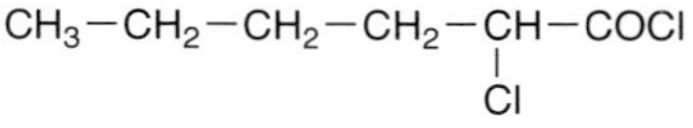

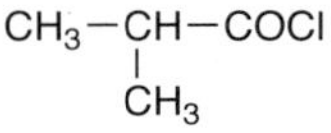

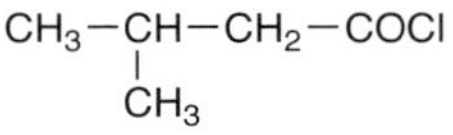

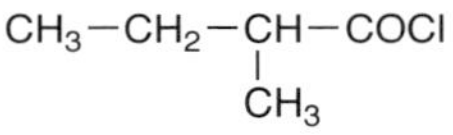

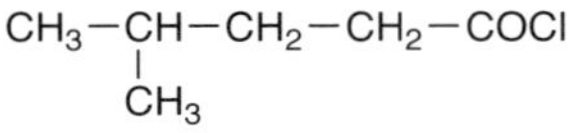

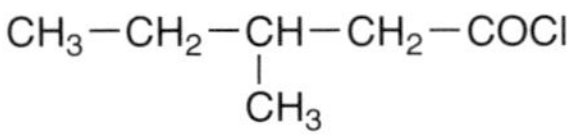

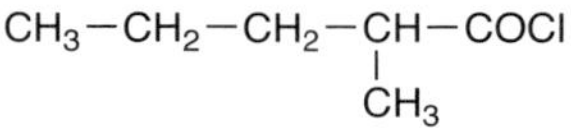

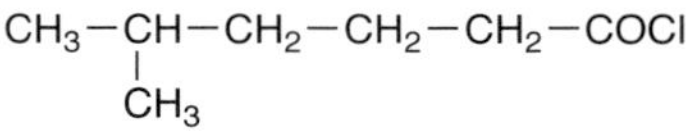

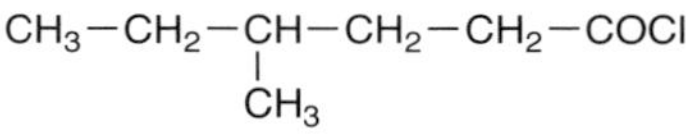

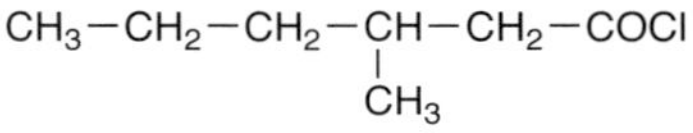

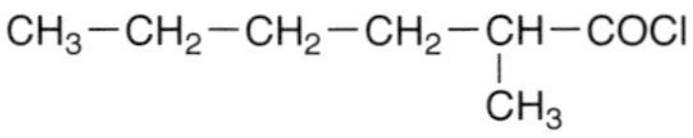

Hint：まず酸塩化物として命名．その後にメチル基の位置を示そう．

93 メチル基をもつ酸塩化物（2）

928. CH₃-CH-CH-COCl
         | |
         CH₃ CH₃

929. CH₃-CH-CH-CH₂-COCl
         | |
         CH₃ CH₃

930. CH₃-CH-CH₂-CH-COCl
         | |
         CH₃   CH₃

931. CH₃-CH₂-CH₂-C-COCl
                 |
                 CH₃
         (上下にCH₃)

932. CH₃-CH₂-C-CH₂-COCl
             |
             CH₃
         (上下にCH₃)

933. CH₃-CH₂-CH₂-CH-CH-COCl
                    | |
                    CH₃ CH₃

934. CH₃-CH-CH-CH₂-CH₂-COCl
         | |
         CH₃ CH₃
         (上にCH₃)

935. CH₃-CH-CH₂-CH₂-CH-COCl
         | |
         CH₃   CH₃

936. CH₃-CH₂-C-CH₂-CH₂-COCl
             |
             CH₃
         (上下にCH₃)

937. CH₃-CH₂-CH-CH-COCl
             | |
             CH₃ CH₃

938. CH₃-CH₂-CH-CH₂-CH-COCl
             | |
             CH₃   CH₃

939. CH₃-C-CH₂-CH₂-CH₂-COCl
         |
         CH₃
         (上下にCH₃)

940. CH₃-CH-CH₂-CH-CH₂-COCl
         | |
         CH₃   CH₃

941. CH₃-CH₂-CH₂-C-CH₂-COCl
                 |
                 CH₃
         (上下にCH₃)

942. CH₃-CH₂-CH₂-CH₂-C-COCl
                     |
                     CH₃
         (上下にCH₃)

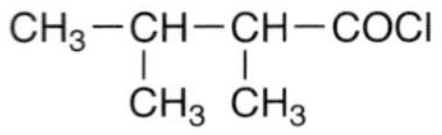

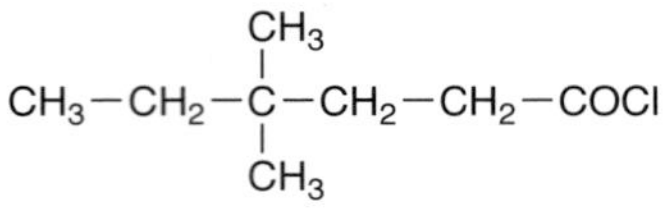

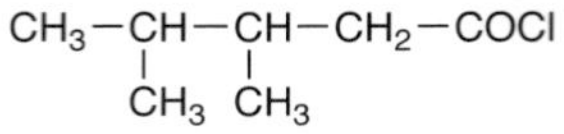

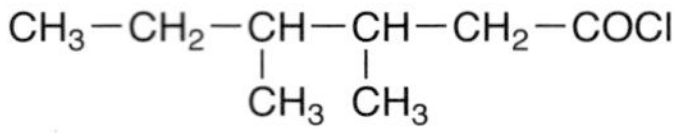

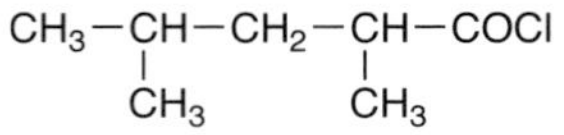

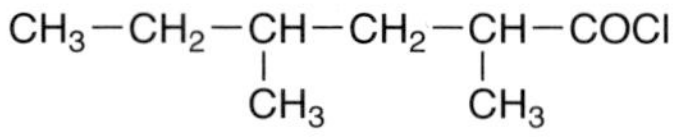

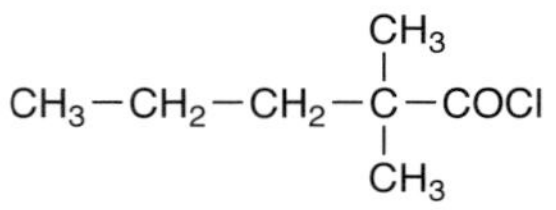

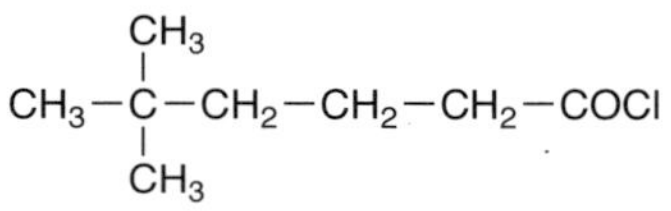

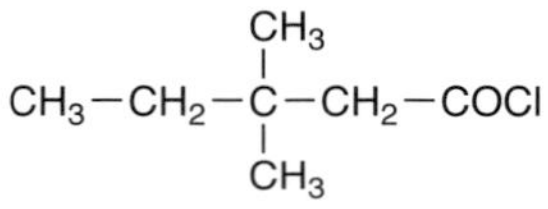

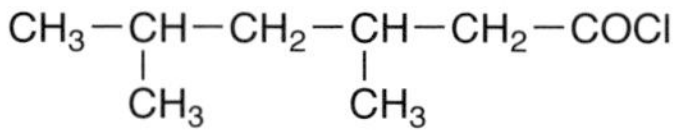

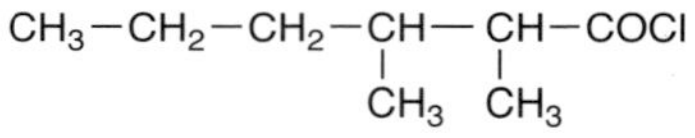

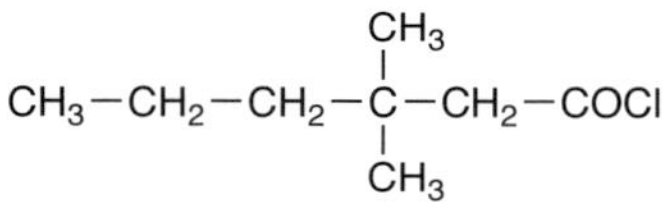

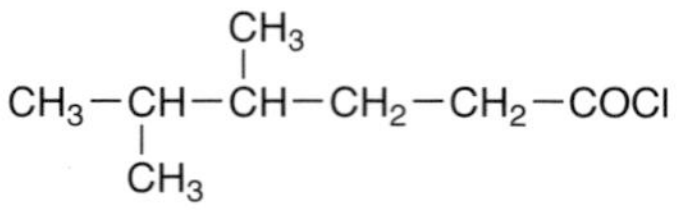

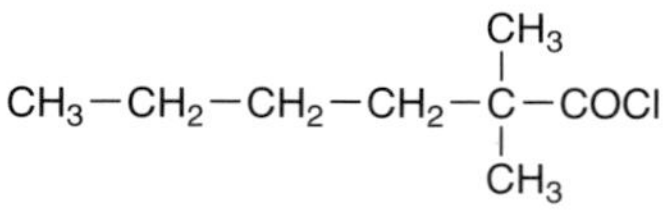

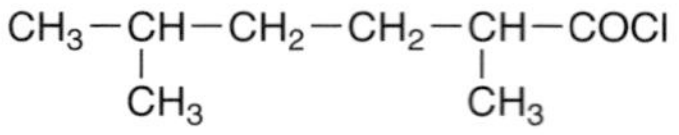

!Hint：まずは酸塩化物として命名，その後にメチル基の数と位置を示そう．

19 芳香族
ベンゼン環をもつ化合物

実施日：　　月　　日

命名のポイント

A. 置換基を一つだけもつ場合

① 芳香環（ベンゼン環）についている置換基の種類を確認する

> （参考）置換基の炭素数が
> 6以下→アルキル基置換ベンゼン
> 7以上→フェニル基置換アルカン

② 置換基のついている炭素が1位になる

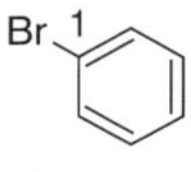

- 炭素数6：benzene
- ブロモ基の位置：1位の炭素
  → ブロモベンゼン

> この場合，置換基の位置番号は不要

B. 置換基を二つ以上もつ場合

① 芳香環（ベンゼン環）についている置換基の種類と数を確認する

② 置換基の位置を確認する

> 「右回り」と「左回り」で位置番号が最小になるほうを選ぶ

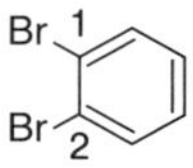

- 炭素数6：benzene
- ブロモ基の位置：1位と2位の炭素
  → 1,2-ジブロモベンゼン

・94〜99の化合物について，それぞれIUPAC名を答えよ．

94 メチル基をもつベンゼン　目安時間 5分

943.

944.

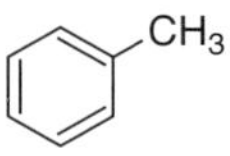

945.

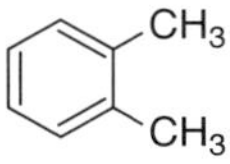

946.

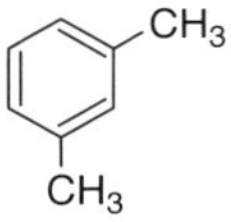

947.

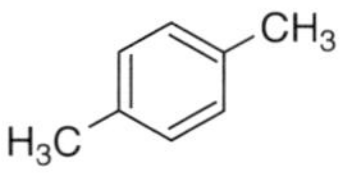

948.

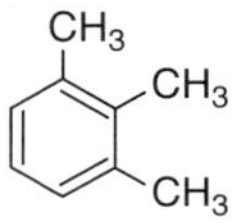

949.

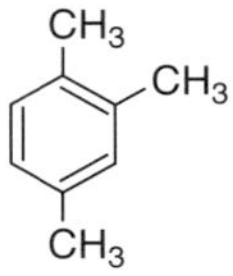

950.

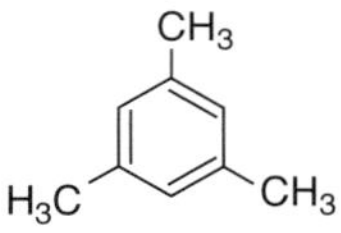

Hint：メチル基の数と位置を確かめよう．

95 ハロゲン基をもつベンゼン　目安時間 5 分

951. [F-benzene] _____

952. [Cl-benzene] _____

953. [Br-benzene] _____

954. [I-benzene] _____

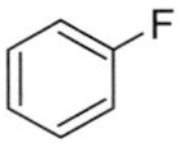

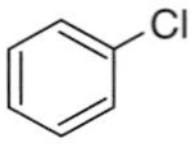

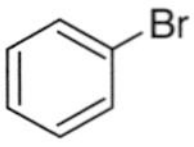

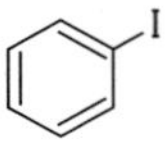

Hint：ハロゲン基の名称を思い出そう．

96 複数の同種ハロゲン基をもつベンゼン　目安時間 10 分

955. [1,2-difluorobenzene] _____

956. [1,3-difluorobenzene] _____

957. [1,4-difluorobenzene] _____

958. [1,2-dichlorobenzene] _____

959. [1,3-dichlorobenzene] _____

960. [1,4-dichlorobenzene] _____

961. [1,2-dibromobenzene] _____

962. [1,3-dibromobenzene] _____

963. [1,4-dibromobenzene] _____

964. [1,2-diiodobenzene] _____

965. [1,3-diiodobenzene] _____

966. [1,4-diiodobenzene] _____

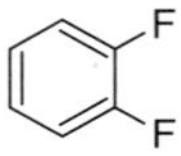

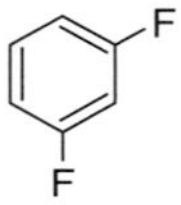

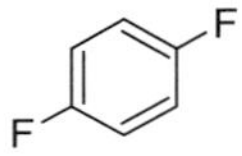

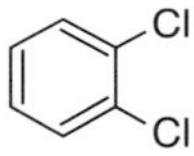

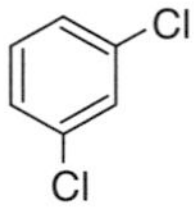

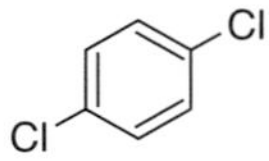

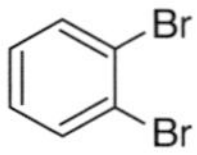

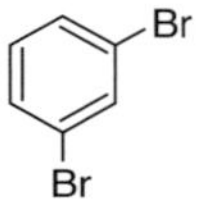

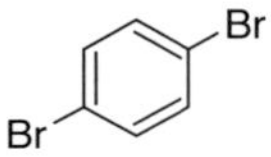

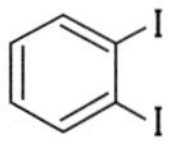

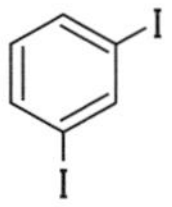

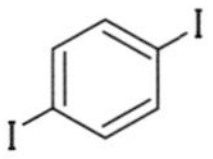

Hint：ハロゲン基の数と位置を確かめよう．

97 複数の異種ハロゲン基をもつベンゼン 目安時間 10分

967. (構造: 1-Cl, 2-F)

968. (構造: 1-Cl, 3-F)

969. (構造: 1-Cl, 4-F)

970. (構造: 1-Cl, 2-Br)

971. (構造: 1-Br, 3-Cl)

972. (構造: 1-Br, 4-Cl)

973. (構造: 1-Br, 2-I)

974. (構造: 1-Br, 3-I)

975. (構造: 1-Br, 4-I)

976. (構造: 1-F, 2-I)

977. (構造: 1-F, 3-I)

978. (構造: 1-F, 4-I)

98 メチル基と複数の同種ハロゲン基をもつベンゼン 目安時間 10分

979. (構造: 1-CH₃, 2,3-F)

980. (構造: 2-CH₃, 1,3-F)

981. (構造: 1-CH₃, 2,5-F)

982. (構造: 1-CH₃, 2,3-Cl)

983. (構造: 2-CH₃, 1,3-Cl)

984. (構造: 1-CH₃, 2,5-Cl)

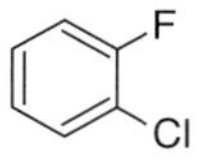

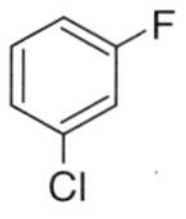

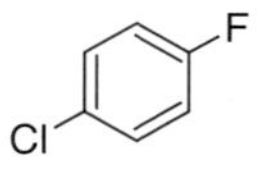

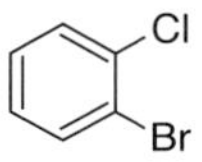

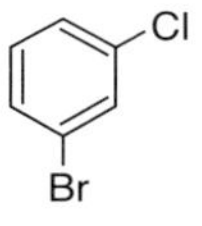

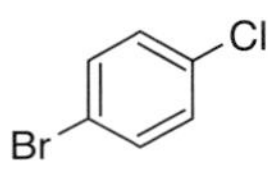

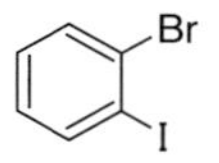

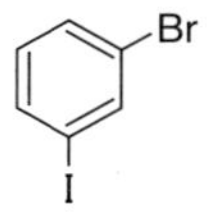

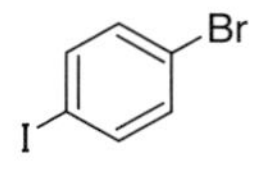

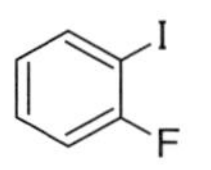

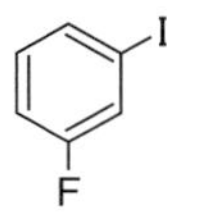

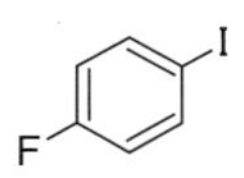

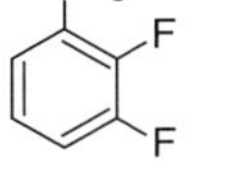

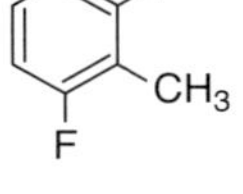

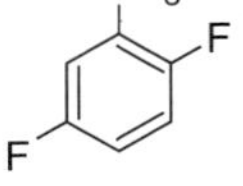

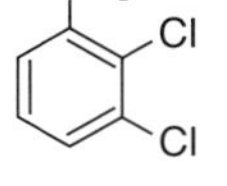

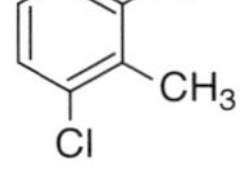

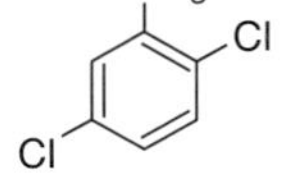

19章　芳香族

985.
986.
987.

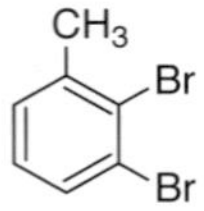

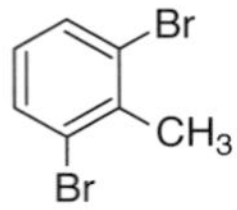

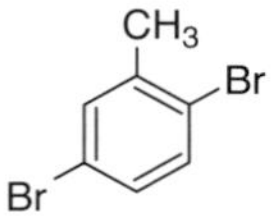

988.
989.
990.

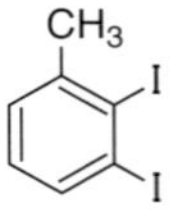

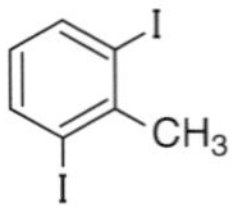

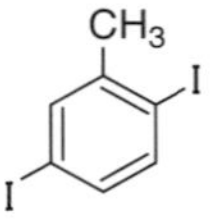

> Hint：置換基の種類と数を確かめよう．

99 メチル基と複数の異種ハロゲン基をもつベンゼン

 目安時間 10 分

991.
992.
993.
994.
995.
996.

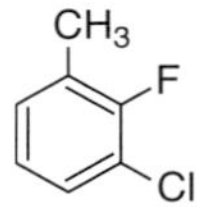

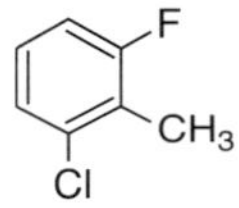

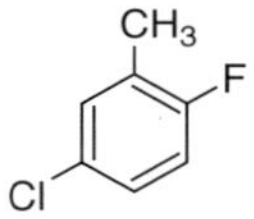

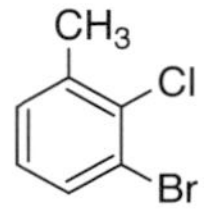

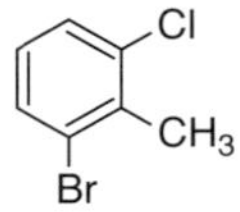

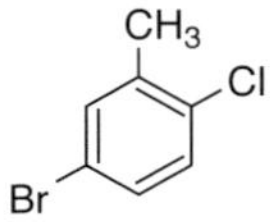

997.
998.
999.
1000.
1001.
1002.

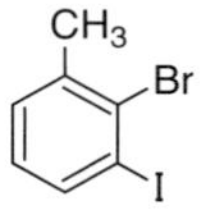

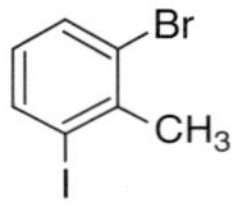

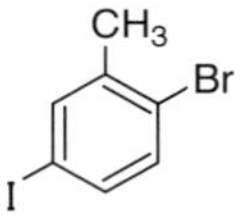

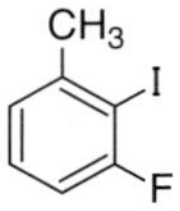

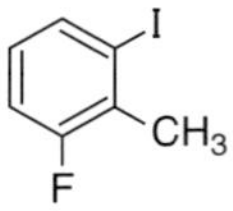

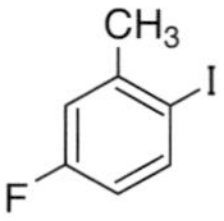

> Hint：置換基の位置番号が最小になるよう，右回り，左回りの両方を確かめよう．

【達成度チェックシート】

取り組んだ問題のマスに次のルールに従ってチェックを入れてみよう.

- マスに斜線がある場合は線をなぞる.
- それ以外の場合は塗りつぶす.

1	2	3	4	5	6	7	8	9	10	11	12	13	14	15	16	17	18	19	20	21	22	23	24	25	26	27	28	29	30
31	32	33	34	35	36	37	38	39	40	41	42	43	44	45	46	47	48	49	50	51	52	53	54	55	56	57	58	59	60
61	62	63	64	65	66	67	68	69	70	71	72	73	74	75	76	77	78	79	80	81	82	83	84	85	86	87	88	89	90
91	92	93	94	95	96	97	98	99	100	101	102	103	104	105	106	107	108	109	110	111	112	113	114	115	116	117	118	119	120
121	122	123	124	125	126	127	128	129	130	131	132	133	134	135	136	137	138	139	140	141	142	143	144	145	146	147	148	149	150
151	152	153	154	155	156	157	158	159	160	161	162	163	164	165	166	167	168	169	170	171	172	173	174	175	176	177	178	179	180
181	182	183	184	185	186	187	188	189	190	191	192	193	194	195	196	197	198	199	200	201	202	203	204	205	206	207	208	209	210
211	212	213	214	215	216	217	218	219	220	221	222	223	224	225	226	227	228	229	230	231	232	233	234	235	236	237	238	239	240
241	242	243	244	245	246	247	248	249	250	251	252	253	254	255	256	257	258	259	260	261	262	263	264	265	266	267	268	269	270
271	272	273	274	275	276	277	278	279	280	281	282	283	284	285	286	287	288	289	290	291	292	293	294	295	296	297	298	299	300
301	302	303	304	305	306	307	308	309	310	311	312	313	314	315	316	317	318	319	320	321	322	323	324	325	326	327	328	329	330
331	332	333	334	335	336	337	338	339	340	341	342	343	344	345	346	347	348	349	350	351	352	353	354	355	356	357	358	359	360
361	362	363	364	365	366	367	368	369	370	371	372	373	374	375	376	377	378	379	380	381	382	383	384	385	386	387	388	389	390
391	392	393	394	395	396	397	398	399	400	401	402	403	404	405	406	407	408	409	410	411	412	413	414	415	416	417	418	419	420
421	422	423	424	425	426	427	428	429	430	431	432	433	434	435	436	437	438	439	440	441	442	443	444	445	446	447	448	449	450
451	452	453	454	455	456	457	458	459	460	461	462	463	464	465	466	467	468	469	470	471	472	473	474	475	476	477	478	479	480
481	482	483	484	485	486	487	488	489	490	491	492	493	494	495	496	497	498	499	500	501	502	503	504	505	506	507	508	509	510
511	512	513	514	515	516	517	518	519	520	521	522	523	524	525	526	527	528	529	530	531	532	533	534	535	536	537	538	539	540
541	542	543	544	545	546	547	548	549	550	551	552	553	554	555	556	557	558	559	560	561	562	563	564	565	566	567	568	569	570
571	572	573	574	575	576	577	578	579	580	581	582	583	584	585	586	587	588	589	590	591	592	593	594	595	596	597	598	599	600
601	602	603	604	605	606	607	608	609	610	611	612	613	614	615	616	617	618	619	620	621	622	623	624	625	626	627	628	629	630
631	632	633	634	635	636	637	638	639	640	641	642	643	644	645	646	647	648	649	650	651	652	653	654	655	656	657	658	659	660
661	662	663	664	665	666	667	668	669	670	671	672	673	674	675	676	677	678	679	680	681	682	683	684	685	686	687	688	689	690
691	692	693	694	695	696	697	698	699	700	701	702	703	704	705	706	707	708	709	710	711	712	713	714	715	716	717	718	719	720
721	722	723	724	725	726	727	728	729	730	731	732	733	734	735	736	737	738	739	740	741	742	743	744	745	746	747	748	749	750
751	752	753	754	755	756	757	758	759	760	761	762	763	764	765	766	767	768	769	770	771	772	773	774	775	776	777	778	779	780
781	782	783	784	785	786	787	788	789	790	791	792	793	794	795	796	797	798	799	800	801	802	803	804	805	806	807	808	809	810
811	812	813	814	815	816	817	818	819	820	821	822	823	824	825	826	827	828	829	830	831	832	833	834	835	836	837	838	839	840
841	842	843	844	845	846	847	848	849	850	851	852	853	854	855	856	857	858	859	860	861	862	863	864	865	866	867	868	869	870
871	872	873	874	875	876	877	878	879	880	881	882	883	884	885	886	887	888	889	890	891	892	893	894	895	896	897	898	899	900
901	902	903	904	905	906	907	908	909	910	911	912	913	914	915	916	917	918	919	920	921	922	923	924	925	926	927	928	929	930
931	932	933	934	935	936	937	938	939	940	941	942	943	944	945	946	947	948	949	950	951	952	953	954	955	956	957	958	959	960
961	962	963	964	965	966	967	968	969	970	971	972	973	974	975	976	977	978	979	980	981	982	983	984	985	986	987	988	989	990
991	992	993	994	995	996	997	998	999	1000	1001	1002																		

著者紹介

矢野　将文（やの　まさふみ）

1971 年　和歌山県生まれ
1997 年　大阪市立大学大学院理学研究科
　　　　博士後期課程中途退学
現　在　関西大学化学生命工学部准教授
専　門　構造有機化学
博士(理学)　1998 年大阪市立大学

有機化学1000本ノック　命名法編

第1版　第1刷　2019 年 3 月 30 日	著　　者　矢野　将文
第8刷　2025 年 1 月 20 日	発 行 者　曽根　良介
	発 行 所　㈱化学同人

検印廃止

〒600-8074　京都市下京区仏光寺通柳馬場西入ル
編 集 部　TEL 075-352-3711　FAX 075-352-0371
企画販売部　TEL 075-352-3373　FAX 075-351-8301
　　　　　　振　替　01010-7-5702
e-mail　webmaster@kagakudojin.co.jp
URL　https://www.kagakudojin.co.jp

〈出版者著作権管理機構委託出版物〉
本書の無断複写は著作権法上での例外を除き禁じられています．複写される場合は，そのつど事前に，出版者著作権管理機構（電話 03-5244-5088，FAX 03-5244-5089，e-mail: info@jcopy.or.jp）の許諾を得てください．

本書のコピー，スキャン，デジタル化などの無断複製は著作権法上での例外を除き禁じられています．本書を代行業者などの第三者に依頼してスキャンやデジタル化することは，たとえ個人や家庭内の利用でも著作権法違反です．

印刷・製本　創栄図書印刷㈱

Printed in Japan　©M. Yano　2019　無断転載・複製を禁ず　　ISBN978-4-7598-1993-9
乱丁・落丁本は送料小社負担にてお取りかえいたします．

有機化学 1000本ノック

ひたすら解きまくれ！

【命名法編】B5判・116頁・定価 1760 円
【立体化学編】B5判・140頁・定価 2090 円
【反応機構編】B5判・232頁・定価 3300 円
【反応生成物編】B5判・148頁・定価 2310 円
【スペクトル解析編】B5判・176頁・定価 2970 円

矢野将文【著】

大学の有機化学で学生がつまずきやすい基本事項を理解するために有効な方法は，基本的なルールを学び，ひたすら演習問題を解き，「身体に染みつく」まで知識の定着を確認することである．各編とも 1000 問超の問題を掲載．問題は初歩の初歩から始まり徐々に難易度が上がっていく．反射的に答えられるまで解いて解いて解きまくれ！

【命名法編　主要目次】アルカン・ハロゲン化アルキル／シクロアルカン／アルケン／シクロアルケン／アルキン／ジエン／シクロジエン／ジイン／エンイン／アルコール／エーテル／アミン／アルデヒド／ケトン／カルボン酸／カルボン酸エステル／ニトリル／酸塩化物／芳香族

【立体化学編　主要目次】R,S 表示（1）－（3）／ E,Z 命名法（アルケン）／ E,Z 命名法（シクロアルケン）／ E,Z 命名法（ジエン）／二つの分子の関係（1）－（8）／ Newman 投影図／ Fischer 投影図／アレン軸不斉／ビフェニル軸不斉／シクロファン面不斉／ヘリセン

【反応機構編　主要目次】酸と塩基／共鳴／結合の生成・切断の基礎／アルケンの反応／アルキンの反応／芳香族の求電子置換反応／ハロゲン化アルキルの脱離反応／アルコールの置換反応／アルコールの脱離反応／エーテル・エポキシドの反応／カルボニル基上での置換反応／他

【反応生成物編　主要目次】アルケンの反応／アルキンの反応／置換反応／脱離反応／アルコール，エーテルの反応／カルボン酸誘導体の置換反応／カルボン酸誘導体への付加反応／カルボニル基の α 位での反応

【スペクトル解析編　主要目次】IHD／ IR ／ MS ／ ^{13}C ／ ^{1}H ／総合問題

有機化学 1000 本ノック　命名法編
解答・解法【別冊】

1章　アルカン・ハロゲン化アルキル

1 直鎖アルカン

解法：有機化合物を命名する上での基本中の基本．直鎖アルカンの炭素数を正確に数えられないと，置換基の命名でつまずいてしまう．炭素数1～10までのアルカンは暗記できるまでひたすら繰り返し復習しよう．

(1) メタン（methane）
(2) エタン（ethane）
(3) プロパン（propane）
(4) ブタン（butane）
(5) ペンタン（pentane）
(6) ヘキサン（hexane）

2 クロロ基をもつアルカン

解法：まずは主鎖を探す．炭素に番号をつけ，クロロ基（塩素）の位置を確認しよう．その際，位置を表す番号が最小になるように数える．

(7) （クロロ）+（メタン）
　　⇒クロロメタン（chloromethane）
(8) クロロエタン（chloroethane）
(9) 1-クロロプロパン（1-chloropropane）
(10) 2-クロロプロパン（2-chloropropane）
(11) 1-クロロブタン（1-chlorobutane）
(12) 2-クロロブタン（2-chlorobutane）
(13) 1-クロロペンタン（1-chloropentane）
(14) 2-クロロペンタン（2-chloropentane）
(15) 3-クロロペンタン（3-chloropentane）
(16) 1-クロロヘキサン（1-chlorohexane）
(17) 2-クロロヘキサン（2-chlorohexane）
(18) 3-クロロヘキサン（3-chlorohexane）

3 ブロモ基をもつアルカン

解法：炭素に番号をつけ，ブロモ基（臭素）の位置を確認しよう．その際，位置を表す番号は最小になるように数える．

(19) （ブロモ）+（メタン）
　　⇒ブロモメタン（bromomethane）
(20) ブロモエタン（bromoethane）
(21) 1-ブロモプロパン（1-bromopropane）
(22) 2-ブロモプロパン（2-bromopropane）
(23) 1-ブロモブタン（1-bromobutane）
(24) 2-ブロモブタン（2-bromobutane）
(25) 1-ブロモペンタン（1-bromopentane）
(26) 2-ブロモペンタン（2-bromopentane）
(27) 3-ブロモペンタン（3-bromopentane）
(28) 1-ブロモヘキサン（1-bromohexane）
(29) 2-ブロモヘキサン（2-bromohexane）
(30) 3-ブロモヘキサン（3-bromohexane）

4 ヨード基をもつアルカン

解法：まずは主鎖を探す．炭素に番号をつけ，ヨード基（ヨウ素）の位置を確認しよう．その際，位置を表す番号は最小になるように数える．

(31) （ヨード）+（メタン）
　　⇒ヨードメタン（iodomethane）
(32) ヨードエタン（iodoethane）
(33) 1-ヨードプロパン（1-iodopropane）
(34) 2-ヨードプロパン（2-iodopropane）
(35) 1-ヨードブタン（1-iodobutane）
(36) 2-ヨードブタン（2-iodobutane）
(37) 1-ヨードペンタン（1-iodopentane）
(38) 2-ヨードペンタン（2-iodopentane）
(39) 3-ヨードペンタン（3-iodopentane）
(40) 1-ヨードヘキサン（1-iodohexane）
(41) 2-ヨードヘキサン（2-iodohexane）

(42) 3-ヨードヘキサン（3-iodohexane）

5 メチル基をもつアルカン

解法：まずは主鎖を探す．炭素に番号をつけ，メチル基の位置を確認しよう．ここでは何位の炭素についているか確認しよう．その際，位置を表す番号が最小になるように数える．

(43) （2-メチル）＋（プロパン）
　　　⇒ 2-メチルプロパン（2-methylpropane）
(44) 2-メチルブタン（2-methylbutane）
(45) 2-メチルペンタン（2-methylpentane）
(46) 3-メチルペンタン（3-methylpentane）
(47) 2-メチルヘキサン（2-methylhexane）
(48) 3-メチルヘキサン（3-methylhexane）

6 複数のメチル基をもつアルカン（1）

解法：まずは主鎖を探す．炭素に番号をつけ，二つのメチル基がそれぞれ何位の炭素についているかを確認しよう．その際，位置を表す番号は最小になるようにする．二つのメチル基は「ジ（di，二つ）＋メチル（methyl）⇒ ジメチル（dimethyl）」と表す．

(49) （2,3-ジメチル）＋（ブタン）
　　　⇒ 2,3-ジメチルブタン（2,3-dimethylbutane）
(50) 2,4-ジメチルペンタン（2,4-dimethylpentane）
(51) 2,3-ジメチルペンタン（2,3-dimethylpentane）
(52) 2,3-ジメチルヘキサン（2,3-dimethylhexane）
(53) 2,5-ジメチルヘキサン（2,5-dimethylhexane）
(54) 3,4-ジメチルヘキサン（3,4-dimethylhexane）
(55) 2,4-ジメチルヘキサン（2,4-dimethylhexane）

7 複数のメチル基をもつアルカン（2）

解法：まずは主鎖を探す．炭素に番号をつけ，三つのメチル基がそれぞれ何位の炭素についているかを確認しよう．その際，位置を表す番号は最小になるようにする．三つのメチル基は「トリ（tri，三つ）＋メチル（methyl）⇒ トリメチル（tri-methyl）」と表す．メチル基が四つある場合はテトラメチル（tetramethyl）と表す．

(56) （2,2,4-トリメチル）＋（ペンタン）
　　　⇒ 2,2,4-トリメチルペンタン
　　　　（2,2,4-trimethylpentane）
(57) 2,3,4-トリメチルペンタン（2,3,4-trimethylpentane）
(58) 2,3,3-トリメチルペンタン（2,3,3-trimethylpentane）
(59) 2,2,3-トリメチルペンタン（2,2,3-trimethylpentane）
(60) 2,3,5-トリメチルヘキサン（2,3,5-trimethylhexane）
(61) 2,3,4-トリメチルヘキサン（2,3,4-trimethylhexane）
(62) 2,3,3-トリメチルヘキサン（2,3,3-trimethylhexane）
(63) 2,2,3-トリメチルヘキサン（2,2,3-trimethylhexane）
(64) 2,2,5-トリメチルヘキサン（2,2,5-trimethylhexane）
(65) 2,3,5-トリメチルヘキサン（2,3,5-trimethylhexane）
(66) 2,2,4-トリメチルヘキサン（2,2,4-trimethylhexane）
(67) 2,3,4,4-テトラメチルヘキサン
　　　（2,3,4,4-tetramethylhexane）

8 複数種類の置換基をもつアルカン（1）

解法：複数種類の置換基があっても，まずは主鎖を探す．炭素に番号をつけ，それぞれの置換基の種類と位置を確認しよう．その際，位置を表す番号は最小になるようにする．命名の順番はアルファベット順なので，メチル（methyl）基とクロロ（chloro）基では，クロロ基が先にくる．

(68) （2-クロロ）＋（3-メチル）＋（ブタン）
　　　⇒ 2-クロロ-3-メチルブタン
　　　　（2-chloro-3-methylbutane）
(69) 2-クロロ-4-メチルペンタン
　　　（2-chloro-4-methylpentane）
(70) 3-クロロ-2-メチルペンタン
　　　（3-chloro-2-methylpentane）
(71) 3-クロロ-2-メチルヘキサン
　　　（3-chloro-2-methylhexane）
(72) 2-クロロ-5-メチルヘキサン
　　　（2-chloro-5-methylhexane）
(73) 3-クロロ-4-メチルヘキサン
　　　（3-chloro-4-methylhexane）
(74) 2-クロロ-4-メチルヘキサン
　　　（2-chloro-4-methylhexane）
(75) 1-クロロ-3-メチルブタン
　　　（1-chloro-3-methylbutane）
(76) 1-クロロ-4-メチルペンタン
　　　（1-chloro-4-methylpentane）
(77) 2-クロロ-3-メチルペンタン

(78) 2-クロロ-3-メチルヘキサン
(2-chloro-3-methylhexane)
(79) 1-クロロ-5-メチルヘキサン
(1-chloro-5-methylhexane)
(80) 4-クロロ-2-メチルヘキサン
(4-chloro-2-methylhexane)

9 複数種類の置換基をもつアルカン（2）

解法：複数種類の置換基があっても，まずは主鎖を探す．炭素に番号をつけ，それぞれの置換基の種類と位置を確認しよう．その際，位置を表す番号は最小になるようにする．

(81) （4-クロロ）＋（2,2-ジメチル）＋（ペンタン）
  ⇒ 4-クロロ-2,2-ジメチルペンタン
    (4-chloro-2,2-dimethylpentane)
(82) 3-クロロ-2,3-ジメチルペンタン
    (3-chloro-2,3-dimethylpentane)
(83) 5-クロロ-2,3-ジメチルヘキサン
    (5-chloro-2,3-dimethylhexane)
(84) 3-クロロ-2,3-ジメチルヘキサン
    (3-chloro-2,3-dimethylhexane)
(85) 2-クロロ-2,5-ジメチルヘキサン
    (2-chloro-2,5-dimethylhexane)
(86) 2-クロロ-2,4-ジメチルヘキサン
    (2-chloro-2,4-dimethylhexane)
(87) 3-クロロ-2,4-ジメチルペンタン
    (3-chloro-2,4-dimethylpentane)
(88) 2-クロロ-2,3-ジメチルペンタン
    (2-chloro-2,3-dimethylpentane)
(89) 3-クロロ-2,4-ジメチルヘキサン
    (3-chloro-2,4-dimethylhexane)
(90) 2-クロロ-2,3-ジメチルヘキサン
    (2-chloro-2,3-dimethylhexane)
(91) 3-クロロ-2,5-ジメチルヘキサン
    (3-chloro-2,5-dimethylhexane)
(92) 3-クロロ-2,4,4-トリメチルヘキサン
    (3-chloro-2,4,4-trimethylhexane)

2章　シクロアルカン

10 環状アルカン（シクロアルカン）

解法：環状化合物の命名の基本は骨格の炭素数を数えて，対応するアルカンの前に「シクロ（cyclo）」をつける．直鎖アルカンの名前がすぐにでてこない人は1に戻ってやり直そう！

(93) （シクロ）＋（プロパン）
  ⇒ シクロプロパン（cyclopropane）
(94) シクロブタン（cyclobutane）
(95) シクロペンタン（cyclopentane）
(96) シクロヘキサン（cyclohexane）

11 クロロ基をもつシクロアルカン（1）

解法：「置換基」＋「シクロアルカン」が命名の基本となる．置換基を一つもつシクロアルカンでは，置換基の位置を示す番号は不要（置換基のついた位置が1位になるので示さなくてよい）．

(97) （クロロ）＋（シクロプロパン）
  ⇒ クロロシクロプロパン（chlorocyclopropane）
(98) クロロシクロブタン（chlorocyclobutane）
(99) クロロシクロペンタン（chlorocyclopentane）
(100) クロロシクロヘキサン（chlorocyclohexane）

12 クロロ基をもつシクロアルカン（2）

解法：置換基を二つもつシクロアルカンでは，それぞれの置換基の位置番号を示す必要がある．「クロロ（chloro）」が二つあるので「ジクロロ（dichloro）」をシクロアルカンの前につける．環状なので右回り，左回りの両方がある．クロロ基の位置を示す番号は最小になるように数えよう．

(101) （1,2-ジクロロ）＋（シクロプロパン）
  ⇒ 1,2-ジクロロシクロプロパン
    （1,2-dichlorocyclopropane）
(102) 1,1-ジクロロシクロプロパン
    （1,1-dichlorocyclopropane）
(103) 1,1-ジクロロシクロブタン
    （1,1-dichlorocyclobutane）
(104) 1,2-ジクロロシクロブタン
    （1,2-dichlorocyclobutane）

(105) 1,3-ジクロロシクロブタン
(1,3-dichlorocyclobutane)
(106) 1,1-ジクロロシクロペンタン
(1,1-dichlorocyclopentane)
(107) 1,2-ジクロロシクロペンタン
(1,2-dichlorocyclopentane)
(108) 1,3-ジクロロシクロペンタン
(1,3-dichlorocyclopentane)
(109) 1,1-ジクロロシクロヘキサン
(1,1-dichlorocyclohexane)
(110) 1,2-ジクロロシクロヘキサン
(1,2-dichlorocyclohexane)
(111) 1,3-ジクロロシクロヘキサン
(1,3-dichlorocyclohexane)
(112) 1,4-ジクロロシクロヘキサン
(1,4-dichlorocyclohexane)

13 ブロモ基をもつシクロアルカン

解法：11の置換基を一つもつシクロアルカンと同様に考える．臭素を表す置換基名はブロモ．命名のパターンを身につけていこう．

(113) （ブロモ）＋（シクロプロパン）
⇒ブロモシクロプロパン（bromocyclopropane）
(114) ブロモシクロブタン（bromocyclobutane）
(115) ブロモシクロペンタン（bromocyclopentane）
(116) ブロモシクロヘキサン（bromocyclohexane）

14 複数種類の置換基をもつシクロアルカン

解法：二つの置換基の種類と位置を確認しよう．異なる置換基がある場合は，アルファベット順に並べる．臭素は「bromo」，塩素は「chloro」なので，臭素に小さい番号をつける．

(117) （1-ブロモ）＋（2-クロロ）＋（シクロプロパン）
⇒1-ブロモ-2-クロロシクロプロパン
(1-bromo-2-chlorocyclopropane)
(118) 1-ブロモ-1-クロロシクロプロパン
(1-bromo-1-chlorocyclopropane)
(119) 1-ブロモ-1-クロロシクロブタン
(1-bromo-1-chlorocyclobutane)
(120) 1-ブロモ-2-クロロシクロブタン
(1-bromo-2-chlorocyclobutane)

(121) 1-ブロモ-3-クロロシクロブタン
(1-bromo-3-chlorocyclobutane)
(122) 1-ブロモ-1-クロロシクロペンタン
(1-bromo-1-chlorocyclopentane)
(123) 1-ブロモ-2-クロロシクロペンタン
(1-bromo-2-chlorocyclopentane)
(124) 1-ブロモ-3-クロロシクロペンタン
(1-bromo-3-chlorocyclopentane)
(125) 1-ブロモ-1-クロロシクロヘキサン
(1-bromo-1-chlorocyclohexane)
(126) 1-ブロモ-2-クロロシクロヘキサン
(1-bromo-2-chlorocyclohexane)
(127) 1-ブロモ-3-クロロシクロヘキサン
(1-bromo-3-chlorocyclohexane)
(128) 1-ブロモ-4-クロロシクロヘキサン
(1-bromo-4-chlorocyclohexane)

15 メチル基をもつシクロアルカン（1）

解法：炭素と水素のみからなる化合物だが，「シクロアルカン骨格に置換基としてメチル基がついている」と考える．考え方は，11や13と同じ．

(129) （メチル）＋（シクロプロパン）
⇒メチルシクロプロパン（methylcyclopropane）
(130) メチルシクロブタン（methylcyclobutane）
(131) メチルシクロペンタン（methylcyclopentane）
(132) メチルシクロヘキサン（methylcyclohexane）

16 メチル基をもつシクロアルカン（2）

解法：15と同様，「シクロアルカン骨格に置換基として二つのメチル基がついている」と考える．メチル（methyl）基が二つあるのでジメチル（dimethyl）．二つのメチル基の位置番号を忘れずに示そう．

(133) （1,2-ジメチル）＋（シクロプロパン）
⇒1,2-ジメチルシクロプロパン
(1,2-dimethylcyclopropane)
(134) 1,1-ジメチルシクロプロパン
(1,1-dimethylcyclopropane)
(135) 1,1-ジメチルシクロブタン
(1,1-dimethylcyclobutane)
(136) 1,2-ジメチルシクロブタン

(1,2-dimethylcyclobutane)
(137) 1,3-ジメチルシクロブタン
(1,3-dimethylcyclobutane)
(138) 1,1-ジメチルシクロペンタン
(1,1-dimethylcyclopentane)
(139) 1,2-ジメチルシクロペンタン
(1,2-dimethylcyclopentane)
(140) 1,3-ジメチルシクロペンタン
(1,3-dimethylcyclopentane)
(141) 1,1-ジメチルシクロヘキサン
(1,1-dimethylcyclohexane)
(142) 1,2-ジメチルシクロヘキサン
(1,2-dimethylcyclohexane)
(143) 1,3-ジメチルシクロヘキサン
(1,3-dimethylcyclohexane)
(144) 1,4-ジメチルシクロヘキサン
(1,4-dimethylcyclohexane)

3章　アルケン

17 直鎖アルケン

解法：同じ炭素数のアルカンの語尾アン（-ane）をエン（-ene）に変える．二重結合の位置を確認するため，炭素に番号をつけよう．炭素数が4以上だと二重結合の位置が複数ありうるので，位置を表す番号を入れる．その際の番号は最小になるようにする．

(145) エテン（慣用名：エチレン）〔ethene(ethylene)〕
(146) プロペン（propene）
(147) 1-ブテン（1-butene）
(148) 2-ブテン（2-butene）
(149) 2-ペンテン（2-pentene）
(150) 1-ペンテン（1-pentene）
(151) 1-ヘキセン（1-hexene）
(152) 2-ヘキセン（2-hexene）
(153) 3-ヘキセン（3-hexene）

18 メチル基をもつ直鎖アルケン（1）

解法：まずは，二重結合を含む主鎖を探す．次に二重結合の位置番号を確認し，最後にメチル基とその位置番号を示す．

(154) （2-メチル）+（プロペン）
　　　⇒ 2-メチルプロペン（2-methylpropene）
(155) 2-メチル-1-ブテン（2-methyl-1-butene）
(156) 3-メチル-1-ブテン（3-methyl-1-butene）
(157) 2-メチル-2-ブテン（2-methyl-2-butene）
(158) 4-メチル-2-ペンテン（4-methyl-2-pentene）
(159) 2-メチル-2-ペンテン（2-methyl-2-pentene）
(160) 3-メチル-2-ペンテン（3-methyl-2-pentene）
(161) 2-メチル-1-ペンテン（2-methyl-1-pentene）
(162) 3-メチル-1-ペンテン（3-methyl-1-pentene）
(163) 4-メチル-1-ペンテン（4-methyl-1-pentene）

19 メチル基をもつ直鎖アルケン（2）

解法：18と考え方は同じ．試行錯誤しながら，二重結合を含む一番長い炭素鎖（主鎖）を探そう．「二重結合やメチル基の位置番号をもっと小さくできないか？」と常に考えることが大切だ．

(164) （2-メチル）+（1-ヘキセン）
　　　⇒ 2-メチル-1-ヘキセン（2-methyl-1-hexene）
(165) 3-メチル-1-ヘキセン（3-methyl-1-hexene）
(166) 4-メチル-1-ヘキセン（4-methyl-1-hexene）
(167) 5-メチル-1-ヘキセン（5-methyl-1-hexene）
(168) 2-メチル-2-ヘキセン（2-methyl-2-hexene）
(169) 3-メチル-2-ヘキセン（3-methyl-2-hexene）
(170) 4-メチル-2-ヘキセン（4-methyl-2-hexene）
(171) 5-メチル-2-ヘキセン（5-methyl-2-hexene）
(172) 2-メチル-3-ヘキセン（2-methyl-3-hexene）
(173) 3-メチル-3-ヘキセン（3-methyl-3-hexene）

4章　シクロアルケン

20 シクロアルケン

解法：まず，二重結合を考えずにシクロアルカンとして命名する．次に，アルカンの語尾アン（-ane）をエン（-ene）に変える．二重結合に含まれるsp^2炭素がそれぞれ1位と2位になるので，位置番号は省略する．

(174) シクロプロペン（cyclopropene）
(175) シクロブテン（cyclobutene）
(176) シクロペンテン（cyclopentene）
(177) シクロヘキセン（cyclohexene）

21 クロロ基をもつシクロアルケン

> **解法**：まずシクロアルケンの部分を命名する．二重結合に含まれる炭素が1位と2位になる．次にクロロ基の位置番号が最小になるよう，環構造に位置番号をつける．右回りと左回りがあるので，注意が必要．

(178) （1-クロロ）＋（シクロプロペン）
　　　⇒ 1-クロロシクロプロペン
　　　　　（1-chlorocyclopropene）
(179) 3-クロロシクロプロペン
　　　（3-chlorocyclopropene）
(180) 1-クロロシクロブテン（1-chlorocyclobutene）
(181) 3-クロロシクロブテン（3-chlorocyclobutene）
(182) 1-クロロシクロペンテン（1-chlorocyclopentene）
(183) 3-クロロシクロペンテン（3-chlorocyclopentene）
(184) 4-クロロシクロペンテン（4-chlorocyclopentene）
(185) 1-クロロシクロヘキセン（1-chlorocyclohexene）
(186) 3-クロロシクロヘキセン（3-chlorocyclohexene）
(187) 4-クロロシクロヘキセン（4-chlorocyclohexene）

22 メチル基をもつシクロアルケン

> **解法**：21と同じ考え方．シクロアルケンにメチル基がついていると考える．

(188) （1-メチル）＋（シクロプロペン）
　　　⇒ 1-メチルシクロプロペン
　　　　　（1-methylcyclopropene）
(189) 3-メチルシクロプロペン
　　　（3-methylcyclopropene）
(190) 1-メチルシクロブテン（1-methylcyclobutene）
(191) 3-メチルシクロブテン（3-methylcyclobutene）
(192) 1-メチルシクロペンテン（1-methylcyclopentene）
(193) 3-メチルシクロペンテン（3-methylcyclopentene）
(194) 4-メチルシクロペンテン（4-methylcyclopentene）
(195) 1-メチルシクロヘキセン（1-methylcyclohexene）
(196) 3-メチルシクロヘキセン（3-methylcyclohexene）
(197) 4-メチルシクロヘキセン（4-methylcyclohexene）

5章　アルキン

23 直鎖アルキン

> **解法**：17のアルケンと同様に考える．同じ炭素数のアルカンの語尾アン（-ane）をイン（-yne）に変える．炭素数が4以上だと三重結合の位置が複数ありうるので，三重結合の位置を表す番号を入れる．その際，位置を表す番号は最小になるようにする．

(198) エチン（慣用名：アセチレン）
　　　〔ethyne（acetylene）〕
(199) プロピン（propyne）
(200) 1-ブチン（1-butyne）
(201) 2-ブチン（2-butyne）
(202) 2-ペンチン（2-pentyne）
(203) 1-ペンチン（1-pentyne）
(204) 1-ヘキシン（1-hexyne）
(205) 2-ヘキシン（2-hexyne）
(206) 3-ヘキシン（3-hexyne）

24 クロロ基をもつ直鎖アルキン

> **解法**：三重結合を含む一番長い炭素鎖（主鎖）を探そう．次に三重結合の位置番号が最も小さくなるように炭素に番号をつけ，三重結合の位置を示す．その後，クロロ基とその位置番号を示す．

(207) （クロロ）＋（エチン）
　　　⇒ クロロエチン（chloroethyne）
(208) 1-クロロ-1-プロピン（1-chloro-1-propyne）
(209) 3-クロロ-1-プロピン（3-chloro-1-propyne）
(210) 1-クロロ-1-ブチン（1-chloro-1-butyne）
(211) 3-クロロ-1-ブチン（3-chloro-1-butyne）
(212) 1-クロロ-2-ブチン（1-chloro-2-butyne）
(213) 1-クロロ-2-ペンチン（1-chloro-2-pentyne）
(214) 4-クロロ-2-ペンチン（4-chloro-2-pentyne）
(215) 5-クロロ-2-ペンチン（5-chloro-2-pentyne）
(216) 1-クロロ-1-ペンチン（1-chloro-1-pentyne）
(217) 3-クロロ-1-ペンチン（3-chloro-1-pentyne）
(218) 4-クロロ-1-ペンチン（4-chloro-1-pentyne）
(219) 5-クロロ-1-ペンチン（5-chloro-1-pentyne）
(220) 6-クロロ-1-ヘキシン（6-chloro-1-hexyne）
(221) 6-クロロ-2-ヘキシン（6-chloro-2-hexyne）
(222) 1-クロロ-3-ヘキシン（1-chloro-3-hexyne）

6章 ジエン

25 ジエン

解法：二つの二重結合があるので，アルケンの語尾エン (-ene) にジ (di) をつけてジエン (-diene) にする．各二重結合の位置を確認するため，炭素に番号を振っていこう．その際，位置を表す番号は最小になるようにする．

(223) 1,3-ブタジエン（1,3-butadiene）
(224) 1,3-ペンタジエン（1,3-pentadiene）
(225) 1,4-ペンタジエン（1,4-pentadiene）
(226) 1,3-ヘキサジエン（1,3-hexadiene）
(227) 1,4-ヘキサジエン（1,4-hexadiene）
(228) 1,5-ヘキサジエン（1,5-hexadiene）
(229) 2,4-ヘキサジエン（2,4-hexadiene）

26 クロロ基をもつジエン（1）

解法：まず置換基は考えずに，ジエンとして命名する．次に，クロロ基とその位置番号を示す．

(230) (1-クロロ)＋(1,3-ブタジエン)
　　　⇒ 1-クロロ-1,3-ブタジエン
　　　　（1-chloro-1,3-butadiene）
(231) 2-クロロ-1,3-ブタジエン
　　　（2-chloro-1,3-butadiene）
(232) 1-クロロ-1,3-ペンタジエン
　　　（1-chloro-1,3-pentadiene）
(233) 2-クロロ-1,3-ペンタジエン
　　　（2-chloro-1,3-pentadiene）
(234) 3-クロロ-1,3-ペンタジエン
　　　（3-chloro-1,3-pentadiene）
(235) 4-クロロ-1,3-ペンタジエン
　　　（4-chloro-1,3-pentadiene）
(236) 5-クロロ-1,3-ペンタジエン
　　　（5-chloro-1,3-pentadiene）
(237) 1-クロロ-1,4-ペンタジエン
　　　（1-chloro-1,4-pentadiene）
(238) 2-クロロ-1,4-ペンタジエン
　　　（2-chloro-1,4-pentadiene）
(239) 3-クロロ-1,4-ペンタジエン
　　　（3-chloro-1,4-pentadiene）

27 クロロ基をもつジエン（2）

解法：26と考え方は同じ．主鎖が長いので，少し難しい．「クロロ基や二つの二重結合の位置番号をもっと小さくできないか？」と常に考えよう．炭素の番号づけを逆方向からもやってみて，あらゆる可能性を検討しよう．

(240) (1-クロロ)＋(1,3-ヘキサジエン)
　　　⇒ 1-クロロ-1,3-ヘキサジエン
　　　　（1-chloro-1,3-hexadiene）
(241) 2-クロロ-1,3-ヘキサジエン
　　　（2-chloro-1,3-hexadiene）
(242) 3-クロロ-1,3-ヘキサジエン
　　　（3-chloro-1,3-hexadiene）
(243) 4-クロロ-1,3-ヘキサジエン
　　　（4-chloro-1,3-hexadiene）
(244) 5-クロロ-1,3-ヘキサジエン
　　　（5-chloro-1,3-hexadiene）
(245) 6-クロロ-1,3-ヘキサジエン
　　　（6-chloro-1,3-hexadiene）
(246) 1-クロロ-1,4-ヘキサジエン
　　　（1-chloro-1,4-hexadiene）
(247) 2-クロロ-1,4-ヘキサジエン
　　　（2-chloro-1,4-hexadiene）
(248) 3-クロロ-1,4-ヘキサジエン
　　　（3-chloro-1,4-hexadiene）
(249) 4-クロロ-1,4-ヘキサジエン
　　　（4-chloro-1,4-hexadiene）
(250) 5-クロロ-1,4-ヘキサジエン
　　　（5-chloro-1,4-hexadiene）
(251) 6-クロロ-1,4-ヘキサジエン
　　　（6-chloro-1,4-hexadiene）

28 ブロモ基をもつジエン（1）

解法：26と同様に考える．まずはジエンとして命名し，その後，ブロモ基とその位置番号を示す．命名のパターンを身につけていこう．

(252) (1-ブロモ)＋(1,3-ブタジエン)
　　　⇒ 1-ブロモ-1,3-ブタジエン
　　　　（1-bromo-1,3-butadiene）
(253) 2-ブロモ-1,3-ブタジエン
　　　（2-bromo-1,3-butadiene）

(254) 1-ブロモ-1,3-ペンタジエン
　　　(1-bromo-1,3-pentadiene)
(255) 2-ブロモ-1,3-ペンタジエン
　　　(2-bromo-1,3-pentadiene)
(256) 3-ブロモ-1,3-ペンタジエン
　　　(3-bromo-1,3-pentadiene)
(257) 4-ブロモ-1,3-ペンタジエン
　　　(4-bromo-1,3-pentadiene)
(258) 5-ブロモ-1,3-ペンタジエン
　　　(5-bromo-1,3-pentadiene)
(259) 1-ブロモ-1,4-ペンタジエン
　　　(1-bromo-1,4-pentadiene)
(260) 2-ブロモ-1,4-ペンタジエン
　　　(2-bromo-1,4-pentadiene)
(261) 3-ブロモ-1,4-ペンタジエン
　　　(3-bromo-1,4-pentadiene)

29 ブロモ基をもつジエン（２）

解法：これも27と同じ考え方．主鎖が長いので，数え間違えないようにしよう．

(262) （1-ブロモ）＋（1,3-ヘキサジエン）
　　　⇒ 1-ブロモ-1,3-ヘキサジエン
　　　　　(1-bromo-1,3-hexadiene)
(263) 2-ブロモ-1,3-ヘキサジエン
　　　(2-bromo-1,3-hexadiene)
(264) 3-ブロモ-1,3-ヘキサジエン
　　　(3-bromo-1,3-hexadiene)
(265) 4-ブロモ-1,3-ヘキサジエン
　　　(4-bromo-1,3-hexadiene)
(266) 5-ブロモ-1,3-ヘキサジエン
　　　(5-bromo-1,3-hexadiene)
(267) 6-ブロモ-1,3-ヘキサジエン
　　　(6-bromo-1,3-hexadiene)
(268) 1-ブロモ-1,4-ヘキサジエン
　　　(1-bromo-1,4-hexadiene)
(269) 2-ブロモ-1,4-ヘキサジエン
　　　(2-bromo-1,4-hexadiene)
(270) 3-ブロモ-1,4-ヘキサジエン
　　　(3-bromo-1,4-hexadiene)
(271) 4-ブロモ-1,4-ヘキサジエン
　　　(4-bromo-1,4-hexadiene)
(272) 5-ブロモ-1,4-ヘキサジエン
　　　(5-bromo-1,4-hexadiene)

(273) 6-ブロモ-1,4-ヘキサジエン
　　　(6-bromo-1,4-hexadiene)

30 メチル基をもつジエン（１）

解法：二重結合を二つ含む一番長い炭素鎖（主鎖）を探そう．二重結合に含まれる炭素の位置番号が最小になるように，番号をつける．最後にメチル基とその位置番号を示す．

(274) （2-メチル）＋（1,3-ブタジエン）
　　　⇒ 2-メチル-1,3-ブタジエン（慣用名：イソプレン）〔2-methyl-1,3-butadiene（isoprene）〕
(275) 2-メチル-1,3-ペンタジエン
　　　(2-methyl-1,3-pentadiene)
(276) 3-メチル-1,3-ペンタジエン
　　　(3-methyl-1,3-pentadiene)
(277) 2-メチル-1,4-ペンタジエン
　　　(2-methyl-1,4-pentadiene)
(278) 3-メチル-1,4-ペンタジエン
　　　(3-methyl-1,4-pentadiene)
(279) 2-メチル-1,3-ヘキサジエン
　　　(2-methyl-1,3-hexadiene)
(280) 3-メチル-1,3-ヘキサジエン
　　　(3-methyl-1,3-hexadiene)
(281) 2-メチル-1,4-ヘキサジエン
　　　(2-methyl-1,4-hexadiene)
(282) 3-メチル-1,5-ヘキサジエン
　　　(3-methyl-1,5-hexadiene)
(283) 2-メチル-2,4-ヘキサジエン
　　　(2-methyl-2,4-hexadiene)
(284) 3-メチル-2,4-ヘキサジエン
　　　(3-methyl-2,4-hexadiene)

31 メチル基をもつジエン（２）

解法：二重結合を二つ含む一番長い炭素鎖（主鎖）を探そう．枝分かれが増えてきたので，炭素を数えるときは慎重に．まずはジエンとして命名する．最後に二つのメチル基とその位置番号を示す．

(285) （2,3-ジメチル）＋（1,3-ブタジエン）
　　　⇒ 2,3-ジメチル-1,3-ブタジエン
　　　　　(2,3-dimethyl-1,3-butadiene)
(286) 2,3-ジメチル-1,3-ペンタジエン

(2,3-dimethyl-1,3-pentadiene)
(287) 2,4-ジメチル-1,3-ペンタジエン
(2,4-dimethyl-1,3-pentadiene)
(288) 2,3-ジメチル-1,4-ペンタジエン
(2,3-dimethyl-1,4-pentadiene)
(289) 2,4-ジメチル-1,4-ペンタジエン
(2,4-dimethyl-1,4-pentadiene)
(290) 2,3-ジメチル-1,3-ヘキサジエン
(2,3-dimethyl-1,3-hexadiene)
(291) 2,4-ジメチル-1,3-ヘキサジエン
(2,4-dimethyl-1,3-hexadiene)
(292) 2,5-ジメチル-1,3-ヘキサジエン
(2,5-dimethyl-1,3-hexadiene)

32 メチル基をもつジエン（3）

解法：31と同じ考え方．原子の数がかなり増えてきたので，炭素鎖の数え方，位置番号のつけ方は何通りもある．試行錯誤して主鎖を探そう．

(293) （2,3-ジメチル）+（1,4-ヘキサジエン）
⇒ 2,3-ジメチル-1,4-ヘキサジエン
(2,3-dimethyl-1,4-hexadiene)
(294) 2,4-ジメチル-1,4-ヘキサジエン
(2,4-dimethyl-1,4-hexadiene)
(295) 2,5-ジメチル-1,4-ヘキサジエン
(2,5-dimethyl-1,4-hexadiene)
(296) 2,3-ジメチル-1,5-ヘキサジエン
(2,3-dimethyl-1,5-hexadiene)
(297) 3,4-ジメチル-1,5-ヘキサジエン
(3,4-dimethyl-1,5-hexadiene)
(298) 2,4-ジメチル-1,5-ヘキサジエン
(2,4-dimethyl-1,5-hexadiene)
(299) 2,5-ジメチル-1,5-ヘキサジエン
(2,5-dimethyl-1,5-hexadiene)

7章 シクロジエン

33 シクロジエン

解法：二つの二重結合を考えずに，まずはシクロアルカンとして命名する．一つの二重結合に含まれる二つの炭素を基準として，環状に沿って番号をつける．右回りと左回り，どちらの方向にしたらもう一つの二重結合に含まれる炭素の位置番号が小さくなるかを考えてみよう．

(300) 1,3-シクロブタジエン（1,3-cyclobutadiene）
(301) 1,3-シクロペンタジエン（1,3-cyclopentadiene）
(302) 1,4-シクロヘキサジエン（1,4-cyclohexadiene）
(303) 1,3-シクロヘキサジエン（1,3-cyclohexadiene）

8章 ジイン

34 ジイン

解法：二つの三重結合があるので，アルキンの語尾イン（-yne）にジ（di）をつけてジイン（-diyne）にする．直鎖化合物なので，唯一の炭素鎖が主鎖となる．二つの三重結合の位置を表す番号が最小になるように，炭素に番号をつける．

(304) 1,3-ブタジイン（1,3-butadiyne）
(305) 1,3-ペンタジイン（1,3-pentadiyne）
(306) 1,4-ペンタジイン（1,4-pentadiyne）
(307) 1,3-ヘキサジイン（1,3-hexadiyne）
(308) 1,4-ヘキサジイン（1,4-hexadiyne）
(309) 1,5-ヘキサジイン（1,5-hexadiyne）
(310) 2,4-ヘキサジイン（2,4-hexadiyne）

9章 エンイン

35 エンイン

解法：不飽和炭化水素の命名では，エンイン（二重結合と三重結合をもつ化合物）が一番複雑で，命名の手順にクセがある．直鎖化合物なので，唯一の炭素鎖が主鎖となる．まずはアルケンとして命名し，次に三重結合をその位置番号とともにアルケンの後ろにつける．二重結合と三重結合の位置番号は最小になるようにする．

(311) （1-ブテン）+（3-イン）
⇒ 1-ブテン-3-イン（1-buten-3-yne）
(312) 3-ペンテン-1-イン（3-penten-1-yne）
(313) 1-ペンテン-3-イン（1-penten-3-yne）
(314) 1-ペンテン-4-イン（1-penten-4-yne）
(315) 1-ヘキセン-3-イン（1-hexen-3-yne）
(316) 3-ヘキセン-1-イン（3-hexen-1-yne）
(317) 1-ヘキセン-4-イン（1-hexen-4-yne）
(318) 4-ヘキセン-1-イン（4-hexen-1-yne）
(319) 1-ヘキセン-5-イン（1-hexen-5-yne）
(320) 2-ヘキセン-4-イン（2-hexen-4-yne）

(321) 2-ヘキセン-4-イン（2-hexen-4-yne）

36 メチル基をもつエンイン（1）

解法：35と同様に，二重結合と三重結合を含む主鎖を探し，エンインとして命名する．最後に，メチル基とその位置を示す．

(322) （2-メチル）＋（1-ブテン-3-イン）
　　　⇒ 2-メチル-1-ブテン-3-イン
　　　　（2-methyl-1-buten-3-yne）
(323) 4-メチル-3-ペンテン-1-イン
　　　（4-methyl-3-penten-1-yne）
(324) 2-メチル-1-ペンテン-3-イン
　　　（2-methyl-1-penten-3-yne）
(325) 3-メチル-1-ペンテン-4-イン
　　　（3-methyl-1-penten-4-yne）
(326) 5-メチル-1-ヘキセン-3-イン
　　　（5-methyl-1-hexen-3-yne）
(327) 3-メチル-3-ヘキセン-1-イン
　　　（3-methyl-3-hexen-1-yne）
(328) 3-メチル-1-ヘキセン-4-イン
　　　（3-methyl-1-hexen-4-yne）
(329) 5-メチル-4-ヘキセン-1-イン
　　　（5-methyl-4-hexen-1-yne）
(330) 3-メチル-1-ヘキセン-5-イン
　　　（3-methyl-1-hexen-5-yne）
(331) 3-メチル-2-ヘキセン-4-イン
　　　（3-methyl-2-hexen-4-yne）
(332) 3-メチル-2-ヘキセン-4-イン
　　　（3-methyl-2-hexen-4-yne）

37 メチル基をもつエンイン（2）

解法：35と同様に，エンインとして命名する．最後に，二つのメチル基とその位置を示す．

(333) （3,4-ジメチル）＋（3-ペンテン）＋（1-イン）
　　　⇒ 3,4-ジメチル-3-ペンテン-1-イン
　　　　（3,4-dimethyl-3-penten-1-yne）
(334) 2,3-ジメチル-1-ペンテン-4-イン
　　　（2,3-dimethyl-1-penten-4-yne）
(335) 2,5-ジメチル-1-ヘキセン-3-イン
　　　（2,5-dimethyl-1-hexen-3-yne）
(336) 5,5-ジメチル-1-ヘキセン-3-イン
　　　（5,5-dimethyl-1-hexen-3-yne）
(337) 3,4-ジメチル-3-ヘキセン-1-イン
　　　（3,4-dimethyl-3-hexen-1-yne）
(338) 3,5-ジメチル-3-ヘキセン-1-イン
　　　（3,5-dimethyl-3-hexen-1-yne）
(339) 2,3-ジメチル-1-ヘキセン-4-イン
　　　（2,3-dimethyl-1-hexen-4-yne）
(340) 3,5-ジメチル-4-ヘキセン-1-イン
　　　（3,5-dimethyl-4-hexen-1-yne）
(341) 2,3-ジメチル-1-ヘキセン-5-イン
　　　（2,3-dimethyl-1-hexen-5-yne）
(342) 3,4-ジメチル-1-ヘキセン-5-イン
　　　（3,4-dimethyl-1-hexen-5-yne）
(343) 2,3-ジメチル-2-ヘキセン-4-イン
　　　（2,3-dimethyl-2-hexen-4-yne）

10章　アルコール

38 直鎖アルコール

解法：直鎖化合物なので，唯一の炭素鎖が主鎖となる．同じ炭素数のアルカンの語尾（-e）をオール（-ol）に変える．炭素数が3以上だとヒドロキシ基（-OH）の入れ方が複数ありうるので，位置番号を示す．その際，位置を表す番号は最小になるようにする．

(344) メタノール（methanol）
(345) エタノール（ethanol）
(346) 1-プロパノール（1-propanol）
(347) 2-プロパノール（2-propanol）
(348) 1-ブタノール（1-butanol）
(349) 2-ブタノール（2-butanol）
(350) 1-ペンタノール（1-pentanol）
(351) 2-ペンタノール（2-pentanol）
(352) 3-ペンタノール（3-pentanol）
(353) 1-ヘキサノール（1-hexanol）
(354) 2-ヘキサノール（2-hexanol）
(355) 3-ヘキサノール（3-hexanol）

39 クロロ基をもつ直鎖アルコール（1）

解法：命名の優先順位は，アルコール（ヒドロキシ基）＞ハロゲン基．クロロ基は考えずに，アルコールとして命名する．次いでクロロ基とその位置番号を示す．

(356) （クロロ）＋（メタノール）
  ⇒ クロロメタノール（chloromethanol）
(357) 2-クロロエタノール（2-chloroethanol）
(358) 1-クロロエタノール（1-chloroethanol）
(359) 1-クロロ-1-プロパノール（1-chloro-1-propanol）
(360) 3-クロロ-1-プロパノール（3-chloro-1-propanol）
(361) 2-クロロ-1-プロパノール（2-chloro-1-propanol）
(362) 2-クロロ-2-プロパノール（2-chloro-2-propanol）
(363) 1-クロロ-2-プロパノール（1-chloro-2-propanol）
(364) 2-クロロ-1-ブタノール（2-chloro-1-butanol）
(365) 1-クロロ-1-ブタノール（1-chloro-1-butanol）
(366) 4-クロロ-1-ブタノール（4-chloro-1-butanol）
(367) 3-クロロ-1-ブタノール（3-chloro-1-butanol）
(368) 4-クロロ-2-ブタノール（4-chloro-2-butanol）
(369) 3-クロロ-2-ブタノール（3-chloro-2-butanol）
(370) 2-クロロ-2-ブタノール（2-chloro-2-butanol）
(371) 1-クロロ-2-ブタノール（1-chloro-2-butanol）

40 クロロ基をもつ直鎖アルコール（2）

解法：39と同様．原子の数が多いので，注意して主鎖を探そう．アルコールとして命名し，次いでクロロ基とその位置番号を示す．

(372) （1-クロロ）＋（3-ペンタノール）
  ⇒ 1-クロロ-3-ペンタノール
  （1-chloro-3-pentanol）
(373) 2-クロロ-3-ペンタノール（2-chloro-3-pentanol）
(374) 3-クロロ-3-ペンタノール（3-chloro-3-pentanol）
(375) 2-クロロ-1-ペンタノール（2-chloro-1-pentanol）
(376) 1-クロロ-1-ペンタノール（1-chloro-1-pentanol）
(377) 3-クロロ-1-ペンタノール（3-chloro-1-pentanol）
(378) 4-クロロ-1-ペンタノール（4-chloro-1-pentanol）
(379) 5-クロロ-1-ペンタノール（5-chloro-1-pentanol）
(380) 5-クロロ-2-ペンタノール（5-chloro-2-pentanol）
(381) 4-クロロ-2-ペンタノール（4-chloro-2-pentanol）
(382) 3-クロロ-2-ペンタノール（3-chloro-2-pentanol）
(383) 2-クロロ-2-ペンタノール（2-chloro-2-pentanol）
(384) 1-クロロ-2-ペンタノール（1-chloro-2-pentanol）

41 クロロ基をもつ直鎖アルコール（3）

解法：39，40と同様に考える．炭素鎖の番号づけをもう一度徹底して見直そう．命名の優先順位はアルコール（ヒドロキシ基）＞ハロゲン基となる．

(385) （6-クロロ）＋（1-ヘキサノール）
  ⇒ 6-クロロ-1-ヘキサノール
  （6-chloro-1-hexanol）
(386) 5-クロロ-1-ヘキサノール（5-chloro-1-hexanol）
(387) 4-クロロ-1-ヘキサノール（4-chloro-1-hexanol）
(388) 3-クロロ-1-ヘキサノール（3-chloro-1-hexanol）
(389) 2-クロロ-1-ヘキサノール（2-chloro-1-hexanol）
(390) 1-クロロ-1-ヘキサノール（1-chloro-1-hexanol）
(391) 6-クロロ-2-ヘキサノール（6-chloro-2-hexanol）
(392) 5-クロロ-2-ヘキサノール（5-chloro-2-hexanol）
(393) 4-クロロ-2-ヘキサノール（4-chloro-2-hexanol）
(394) 3-クロロ-2-ヘキサノール（3-chloro-2-hexanol）
(395) 2-クロロ-2-ヘキサノール（2-chloro-2-hexanol）
(396) 1-クロロ-2-ヘキサノール（1-chloro-2-hexanol）
(397) 6-クロロ-3-ヘキサノール（6-chloro-3-hexanol）
(398) 5-クロロ-3-ヘキサノール（5-chloro-3-hexanol）
(399) 4-クロロ-3-ヘキサノール（4-chloro-3-hexanol）
(400) 3-クロロ-3-ヘキサノール（3-chloro-3-hexanol）
(401) 2-クロロ-3-ヘキサノール（2-chloro-3-hexanol）
(402) 1-クロロ-3-ヘキサノール（1-chloro-3-hexanol）

42 メチル基をもつアルコール（1）

解法：ヒドロキシ基が結合している主鎖を探そう．まず直鎖アルコールとして命名し，次いでメチル基とその位置を示す．

(403) （2-メチル）＋（1-プロパノール）
  ⇒ 2-メチル-1-プロパノール
  （2-methyl-1-propanol）
(404) 2-メチル-2-プロパノール（2-methyl-2-propanol）
(405) 2-メチル-1-ブタノール（2-methyl-1-butanol）
(406) 3-メチル-1-ブタノール（3-methyl-1-butanol）
(407) 3-メチル-2-ブタノール（3-methyl-2-butanol）
(408) 2-メチル-2-ブタノール（2-methyl-2-butanol）

43 メチル基をもつアルコール（2）

解法：42と同じ考え方．まず直鎖アルコールとして命名し，次いでメチル基とその位置を示す．

(409) （3-メチル）＋（3-ペンタノール）
  ⇒ 3-メチル-3-ペンタノール
  （3-methyl-3-pentanol）
(410) 2-メチル-3-ペンタノール（2-methyl-3-pentanol）

(411) 4-メチル-1-ペンタノール （4-methyl-1-pentanol）
(412) 3-メチル-1-ペンタノール （3-methyl-1-pentanol）
(413) 2-メチル-1-ペンタノール （2-methyl-1-pentanol）
(414) 4-メチル-2-ペンタノール （4-methyl-2-pentanol）
(415) 3-メチル-2-ペンタノール （3-methyl-2-pentanol）
(416) 2-メチル-2-ペンタノール （2-methyl-2-pentanol）

44 メチル基をもつアルコール（3）

解法：主鎖のとり方がポイント．ヒドロキシ基が直接結合している最も長い炭素鎖を探そう．次いで二つないし三つのメチル基とその位置を示す．

(417) （2,4-ジメチル）＋（2-ペンタノール）
　　　⇒ 2,4-ジメチル-2-ペンタノール
　　　　（2,4-dimethyl-2-pentanol）
(418) 3,4-ジメチル-2-ペンタノール
　　　（3,4-dimethyl-2-pentanol）
(419) 2,3-ジメチル-3-ペンタノール
　　　（2,3-dimethyl-3-pentanol）
(420) 2,3-ジメチル-2-ペンタノール
　　　（2,3-dimethyl-2-pentanol）
(421) 2,5-ジメチル-3-ヘキサノール
　　　（2,5-dimethyl-3-hexanol）
(422) 4,5-ジメチル-3-ヘキサノール
　　　（4,5-dimethyl-3-hexanol）
(423) 3,3-ジメチル-2-ヘキサノール
　　　（3,3-dimethyl-2-hexanol）
(424) 2,3-ジメチル-2-ヘキサノール
　　　（2,3-dimethyl-2-hexanol）
(425) 5,5-ジメチル-2-ヘキサノール
　　　（5,5-dimethyl-2-hexanol）
(426) 3,5-ジメチル-2-ヘキサノール
　　　（3,5-dimethyl-2-hexanol）
(427) 2,4-ジメチル-2-ヘキサノール
　　　（2,4-dimethyl-2-hexanol）
(428) 2,4,4-トリメチル-3-ヘキサノール
　　　（2,4,4-trimethyl-3-hexanol）

11章　エーテル

45 直鎖エーテル

解法：酸素原子は主鎖に含まない．酸素原子の両側に結合している炭素鎖のうち，長いほうの炭素鎖が主鎖になり，短いほうはアルコキシ基（RO-）となる．

(429) （メトキシ）＋（メタン）
　　　⇒ メトキシメタン（methoxymethane）
(430) メトキシエタン（methoxyethane）
(431) 1-メトキシプロパン（1-methoxypropane）
(432) エトキシエタン（ethoxyethane）
(433) 1-メトキシブタン（1-methoxybutane）
(434) 1-エトキシプロパン（1-ethoxypropane）
(435) 1-メトキシペンタン（1-methoxypentane）
(436) 1-エトキシブタン（1-ethoxybutane）
(437) 1-プロポキシプロパン（1-propoxypropane）

46 メチル基をもつ直鎖エーテル（1）

解法：45と同じ考え方．酸素の両側に結合している炭素鎖のうち，長いほうが主鎖になる．次いでメチル基とアルコキシ基が一つずつ結合していると考えよう．置換基はアルファベット順〔メトキシ（methoxy）基＞メチル（methyl）基〕に並べて命名する．

(438) （2-メトキシ）＋（プロパン）
　　　⇒ 2-メトキシプロパン（2-methoxypropane）
(439) 2-メトキシブタン（2-methoxybutane）
(440) 1-メトキシ-2-メチルプロパン
　　　（1-methoxy-2-methylpropane）
(441) 2-エトキシプロパン（2-ethoxypropane）
(442) 2-メトキシペンタン（2-methoxypentane）
(443) 1-メトキシ-2-メチルブタン
　　　（1-methoxy-2-methylbutane）
(444) 1-メトキシ-3-メチルブタン
　　　（1-methoxy-3-methylbutane）
(445) 2-エトキシブタン（2-ethoxybutane）
(446) 1-エトキシ-2-メチルプロパン
　　　（1-ethoxy-2-methylpropane）

47 メチル基をもつ直鎖エーテル（2）

解法：46と同じ考え方．枝分かれが多くなってきているので，時間をかけて主鎖を探そう．主鎖に二つのメチル基と一つのアルコキシ基が結合していると考える．

(447) （2-メトキシ）＋（2,4-ジメチル）＋（ペンタン）
　　　⇒ 2-メトキシ-2,4-ジメチルペンタン
　　　（2-methoxy-2,4-dimethylpentane）
(448) 2-メトキシ-3,4-ジメチルペンタン
　　　（2-methoxy-3,4-dimethylpentane）
(449) 2-メトキシ-3,3-ジメチルペンタン
　　　（2-methoxy-3,3-dimethylpentane）
(450) 2-メトキシ-2,3-ジメチルペンタン
　　　（2-methoxy-2,3-dimethylpentane）
(451) 3-メトキシ-2,5-ジメチルヘキサン
　　　（3-methoxy-2,5-dimethylhexane）
(452) 3-メトキシ-2,4-ジメチルヘキサン
　　　（3-methoxy-2,4-dimethylhexane）
(453) 2-メトキシ-3,3-ジメチルヘキサン
　　　（2-methoxy-3,3-dimethylhexane）
(454) 2-メトキシ-2,3-ジメチルヘキサン
　　　（2-methoxy-2,3-dimethylhexane）
(455) 5-メトキシ-2,2-ジメチルヘキサン
　　　（5-methoxy-2,2-dimethylhexane）
(456) 2-メトキシ-3,5-ジメチルヘキサン
　　　（2-methoxy-3,5-dimethylhexane）
(457) 2-メトキシ-2,4-ジメチルヘキサン
　　　（2-methoxy-2,4-dimethylhexane）
(458) 3-メトキシ-2,4,4-トリメチルヘキサン
　　　（3-methoxy-2,4,4-trimethylhexane）

48 複数種類の置換基をもつ直鎖エーテル

解法：47よりも少し複雑だが，考え方の基本は同じ．まずは主鎖を探す．置換基はアルファベット順に並べるので，クロロ（chrolo）基＞メトキシ（methoxy）基＞メチル（methyl）基の順となる．

(459) （2-クロロ）＋（2-メトキシ）＋（4-メチル）＋（ペンタン）⇒ 2-クロロ-2-メトキシ-4-メチルペンタン
　　　（2-chloro-2-methoxy-4-methylpentane）
(460) 2-クロロ-4-メトキシ-3-メチルペンタン
　　　（2-chloro-4-methoxy-3-methylpentane）
(461) 3-クロロ-2-メトキシ-3-メチルペンタン
　　　（3-chloro-2-methoxy-3-methylpentane）
(462) 2-クロロ-2-メトキシ-3-メチルペンタン
　　　（2-chloro-2-methoxy-3-methylpentane）
(463) 2-クロロ-3-メトキシ-5-メチルヘキサン
　　　（2-chloro-3-methoxy-5-methylhexane）
(464) 4-クロロ-3-メトキシ-2-メチルヘキサン
　　　（4-chloro-3-methoxy-2-methylhexane）
(465) 3-クロロ-2-メトキシ-3-メチルヘキサン
　　　（3-chloro-2-methoxy-3-methylhexane）
(466) 3-クロロ-2-メトキシ-2-メチルヘキサン
　　　（3-chloro-2-methoxy-2-methylhexane）
(467) 2-クロロ-5-メトキシ-2-メチルヘキサン
　　　（2-chloro-5-methoxy-2-methylhexane）
(468) 3-クロロ-2-メトキシ-5-メチルヘキサン
　　　（3-chloro-2-methoxy-5-methylhexane）
(469) 4-クロロ-2-メトキシ-2-メチルヘキサン
　　　（4-chloro-2-methoxy-2-methylhexane）
(470) 4-クロロ-3-メトキシ-2,4-ジメチルヘキサン
　　　（4-chloro-3-methoxy-2,4-dimethylhexane）

12章 アミン

49 第一級アミン（アミノ基が末端にある）

解法：直鎖化合物なので，唯一の炭素鎖が主鎖となる．同じ炭素数のアルカンの語尾（-e）をアミン（-amine）に変える．炭素数が3以上だとアミノ基（-NH₂）の入れ方が複数ありうるので，最小になるように位置番号を示す．

(471) メタンアミン（methanamine）
(472) エタンアミン（ethanamine）
(473) 1-プロパンアミン（1-propanamine）
(474) 1-ブタンアミン（1-butanamine）
(475) 1-ペンタンアミン（1-pentanamine）
(476) 1-ヘキサンアミン（1-hexanamine）

50 第一級アミン（アミノ基が末端にない）

解法：49と同じ考え方．アミノ基は末端の炭素には結合していないので，アミノ基の位置番号はできるだけ小さな数字にする．

(477) 2-プロパンアミン（2-propanamine）
(478) 2-ブタンアミン（2-butanamine）
(479) 2-ペンタンアミン（2-pentanamine）
(480) 3-ペンタンアミン（3-pentanamine）
(481) 2-ヘキサンアミン（2-hexanamine）
(482) 3-ヘキサンアミン（3-hexanamine）

51 第二級アミン（アミノ基が末端にある）

解法：NHの両側に炭素鎖が結合している第二級アミンなので，長いほうの炭素鎖が主鎖となる．主鎖にアミノ基がついている第一級アミンと考え，さらにその窒素原子にアルキル基が結合しているとみる．アルキル基が窒素原子に結合しているので，位置は番号ではなく「N-」で表す．

(483) (N-メチル)＋(メタンアミン)
　　⇒ N-メチルメタンアミン（慣用名：ジメチルアミン）〔N-methylmethanamine（dimethylamine）〕
(484) N-メチルエタンアミン（N-methylethanamine）
(485) N-メチル-1-プロパンアミン
　　　（N-methyl-1-propanamine）
(486) N-メチル-1-ブタンアミン
　　　（N-methyl-1-butanamine）
(487) N-メチル-1-ペンタンアミン
　　　（N-methyl-1-pentanamine）
(488) N-メチル-1-ヘキサンアミン
　　　（N-methyl-1-hexanamine）

52 第二級アミン（アミノ基が末端にない）

解法：51と同じ考え方．NHに結合している炭素鎖のうち，長いほうが主鎖となる．

(489) (N-メチル)＋(2-プロパンアミン)
　　⇒ N-メチル-2-プロパンアミン
　　　（N-methyl-2-propanamine）
(490) N-メチル 2-ブタンアミン
　　　（N-methyl-2-butanamine）
(491) N-メチル-2-ペンタンアミン
　　　（N-methyl-2-pentanamine）
(492) N-メチル-3-ペンタンアミン
　　　（N-methyl-3-pentanamine）
(493) N-メチル-2-ヘキサンアミン
　　　（N-methyl-2-hexanamine）
(494) N-メチル-3-ヘキサンアミン
　　　（N-methyl-3-hexanamine）

53 第三級アミン（アミノ基が末端にある）

解法：第三級アミンは，窒素原子に結合している三つのアルキル基のうち，最も長い炭素鎖が主鎖となる．主鎖にアミノ基がついている第一級アミンと考え，さらにその窒素原子に二つのメチル基が結合しているとみる．

(495) (N,N-ジメチル)＋(メタンアミン)
　　⇒ N,N-ジメチルメタンアミン
　　　（N,N-dimethylmethanamine）
(496) N,N-ジメチルエタンアミン
　　　（N,N-dimethylethanamine）
(497) N,N-ジメチル-1-プロパンアミン
　　　（N,N-dimethyl-1-propanamine）
(498) N,N-ジメチル-1-ブタンアミン
　　　（N,N-dimethyl-1-butanamine）
(499) N,N-ジメチル-1-ペンタンアミン
　　　（N,N-dimethyl-1-pentanamine）
(500) N,N-ジメチル-1-ヘキサンアミン
　　　（N,N-dimethyl-1-hexanamine）

54 第三級アミン（アミノ基が末端にない）

解法：53と同じ考え方．窒素原子に結合している三つの炭素鎖のうち，最も長いものが主鎖となる．

(501) (N,N-ジメチル)＋(2-プロパンアミン)
　　⇒ N,N-ジメチル-2-プロパンアミン
　　　（N,N-dimethyl-2-propanamine）
(502) N,N-ジメチル-2-ブタンアミン
　　　（N,N-dimethyl-2-butanamine）
(503) N,N-ジメチル-2-ペンタンアミン
　　　（N,N-dimethyl-2-pentanamine）
(504) N,N-ジメチル-3-ペンタンアミン
　　　（N,N-dimethyl-3-pentanamine）
(505) N,N-ジメチル-2-ヘキサンアミン
　　　（N,N-dimethyl-2-hexanamine）
(506) N,N-ジメチル-3-ヘキサンアミン
　　　（N,N-dimethyl-3-hexanamine）

55 メチル基をもつ第一級アミン

解法：まずは主鎖を見きわめ，第一級アミンとして命名する．次いで，二つのメチル基とその位置を示す．

(507) (2,4-ジメチル)＋(2-ペンタンアミン)
　　⇒ 2,4-ジメチル-2-ペンタンアミン

(2,4-dimethyl-2-pentanamine)
- (508) 2,4-ジメチル-3-ペンタンアミン
(2,4-dimethyl-3-pentanamine)
- (509) 2,3-ジメチル-3-ペンタンアミン
(2,3-dimethyl-3-pentanamine)
- (510) 2,3-ジメチル-2-ペンタンアミン
(2,3-dimethyl-2-pentanamine)
- (511) 2,5-ジメチル-3-ヘキサンアミン
(2,5-dimethyl-3-hexanamine)
- (512) 4,5-ジメチル-3-ヘキサンアミン
(4,5-dimethyl-3-hexanamine)
- (513) 3,3-ジメチル-2-ヘキサンアミン
(3,3-dimethyl-2-hexanamine)
- (514) 2,2-ジメチル-3-ヘキサンアミン
(2,2-dimethyl-3-hexanamine)
- (515) 2,5-ジメチル-2-ヘキサンアミン
(2,5-dimethyl-2-hexanamine)
- (516) 2,5-ジメチル-3-ヘキサンアミン
(2,5-dimethyl-3-hexanamine)
- (517) 2,4-ジメチル-2-ヘキサンアミン
(2,4-dimethyl-2-hexanamine)
- (518) 3,4,4-トリメチル-2-ヘキサンアミン
(3,4,4-trimethyl-2-hexanamine)

56 メチル基をもつ第二級アミン

解法：55よりももう一歩，複雑になっている．主鎖を探し，第一級アミンとして命名する．アミノ基の窒素原子にメチル基が一つ，主鎖にメチル基が二つ結合していると考えよう．

- (519) (N,2,4-トリメチル) + (2-ペンタンアミン)
⇒ N,2,4-トリメチル-2-ペンタンアミン
(N,2,4-trimethyl-2-pentanamine)
- (520) N,3,4-トリメチル-2-ペンタンアミン
(N,3,4-trimethyl-2-pentanamine)
- (521) N,3,3-トリメチル-2-ペンタンアミン
(N,3,3-trimethyl-2-pentanamine)
- (522) N,2,3-トリメチル-2-ペンタンアミン
(N,2,3-trimethyl-2-pentanamine)
- (523) N,2,5-トリメチル-3-ヘキサンアミン
(N,2,5-trimethyl-3-hexanamine)
- (524) N,2,4-トリメチル-3-ヘキサンアミン
(N,2,4-trimethyl-3-hexanamine)
- (525) N,3,3-トリメチル-2-ヘキサンアミン
(N,3,3-trimethyl-2-hexanamine)
- (526) N,2,3-トリメチル-2-ヘキサンアミン
(N,2,3-trimethyl-2-hexanamine)
- (527) N,5,5-トリメチル-2-ヘキサンアミン
(N,5,5-trimethyl-2-hexanamine)
- (528) N,4,5-トリメチル-2-ヘキサンアミン
(N,4,5-trimethyl-2-hexanamine)
- (529) N,5,5-トリメチル-3-ヘキサンアミン
(N,5,5-trimethyl-3-hexanamine)
- (530) N,2,4,4-テトラメチル-3-ヘキサンアミン
(N,2,4,4-tetramethyl-3-hexanamine)

57 メチル基をもつ第三級アミン

解法：56と同じ考え方．まず主鎖を探し，第一級アミンとして命名する．アミノ基の窒素原子にメチル基が二つ，主鎖にメチル基が二つ結合していると考えよう．

- (531) (N,N,2,4-テトラメチル) + (2-ペンタンアミン)
⇒ N,N,2,4-テトラメチル-2-ペンタンアミン
(N,N,2,4-tetramethyl-2-pentanamine)
- (532) N,N,3,4-テトラメチル-2-ペンタンアミン
(N,N,3,4-tetramethyl-2-pentanamine)
- (533) N,N,3,3-テトラメチル-2-ペンタンアミン
(N,N,3,3-tetramethyl-2-pentanamine)
- (534) N,N,2,3-テトラメチル-2-ペンタンアミン
(N,N,2,3-tetramethyl-2-pentanamine)
- (535) N,N,2,5-テトラメチル-3-ヘキサンアミン
(N,N,2,5-tetramethyl-3-hexanamine)
- (536) N,N,3,4-テトラメチル-2-ヘキサンアミン
(N,N,3,4-tetramethyl-2-hexanamine)
- (537) N,N,3,3-テトラメチル-2-ヘキサンアミン
(N,N,3,3-tetramethyl-2-hexanamine)
- (538) N,N,2,3-テトラメチル-2-ヘキサンアミン
(N,N,2,3-tetramethyl-2-hexanamine)
- (539) N,N,2,5-テトラメチル-2-ヘキサンアミン
(N,N,2,5-tetramethyl-2-hexanamine)
- (540) N,N,2,5-テトラメチル-3-ヘキサンアミン
(N,N,2,5-tetramethyl-3-hexanamine)
- (541) N,N,2,4-テトラメチル-2-ヘキサンアミン
(N,N,2,4-tetramethyl-2-hexanamine)
- (542) N,N,3,4,4-ペンタメチル-2-ヘキサンアミン
(N,N,3,4,4-pentamethyl-2-hexanamine)

13章 アルデヒド

58 アルデヒド

解法：直鎖化合物なので，唯一の炭素鎖が主鎖となる．ホルミル基（-CHO）の炭素も主鎖の炭素として数えることに注意．同じ炭素数のアルカンの語尾（-e）をアール（-al）に変える．

(543) メタナール（慣用名：ホルムアルデヒド）
　　　〔methanal（formaldehyde）〕
(544) エタナール（慣用名：アセトアルデヒド）
　　　〔ethanal（acetaldehyde）〕
(545) プロパナール（propanal）
(546) ブタナール（butanal）
(547) ペンタナール（pentanal）
(548) ヘキサナール（hexanal）

59 クロロ基をもつアルデヒド

解法：命名の優先順位は，アルデヒド（ホルミル基）＞ハロゲン基．58 と同様にアルデヒドとして命名する．ホルミル基の炭素を1位とし，炭素鎖に番号をつける．次いで，クロロ基とその位置番号を示す．

(549) （2-クロロ）＋（エタナール）
　　　⇒ 2-クロロエタナール（2-chloroethanal）
(550) 3-クロロプロパナール（3-chloropropanal）
(551) 2-クロロプロパナール（2-chloropropanal）
(552) 4-クロロブタナール（4-chlorobutanal）
(553) 3-クロロブタナール（3-chlorobutanal）
(554) 2-クロロブタナール（2-chlorobutanal）
(555) 5-クロロペンタナール（5-chloropentanal）
(556) 4-クロロペンタナール（4-chloropentanal）
(557) 3-クロロペンタナール（3-chloropentanal）
(558) 2-クロロペンタナール（2-chloropentanal）
(559) 6-クロロヘキサナール（6-chlorohexanal）
(560) 5-クロロヘキサナール（5-chlorohexanal）
(561) 4-クロロヘキサナール（4-chlorohexanal）
(562) 3-クロロヘキサナール（3-chlorohexanal）
(563) 2-クロロヘキサナール（2-chlorohexanal）

60 メチル基をもつアルデヒド（1）

解法：ホルミル基の炭素を含む主鎖を探す．ホルミル基の炭素を1位とし，炭素鎖に番号をつける．次いで，メチル基とその位置番号を示す．

(564) （2-メチル）＋（プロパナール）
　　　⇒ 2-メチルプロパナール（2-methylpropanal）
(565) 3-メチルブタナール（3-methylbutanal）
(566) 2-メチルブタナール（2-methylbutanal）
(567) 4-メチルペンタナール（4-methylpentanal）
(568) 3-メチルペンタナール（3-methylpentanal）
(569) 2-メチルペンタナール（2-methylpentanal）
(570) 5-メチルヘキサナール（5-methylhexanal）
(571) 4-メチルヘキサナール（4-methylhexanal）
(572) 3-メチルヘキサナール（3-methylhexanal）
(573) 2-メチルヘキサナール（2-methylhexanal）

61 メチル基をもつアルデヒド（2）

解法：60 と同じ考え方．ホルミル基の炭素を含む主鎖を探す．まずアルデヒドとして命名し，二つのメチル基とその位置番号を示す．

(574) （2,3-ジメチル）＋（ブタナール）
　　　⇒ 2,3-ジメチルブタナール
　　　　（2,3-dimethylbutanal）
(575) 3,4-ジメチルペンタナール（3,4-dimethylpentanal）
(576) 2,4-ジメチルペンタナール（2,4-dimethylpentanal）
(577) 2,2-ジメチルペンタナール（2,2-dimethylpentanal）
(578) 3,3-ジメチルペンタナール（3,3-dimethylpentanal）
(579) 2,5-ジメチルヘキサナール（2,5-dimethylhexanal）
(580) 4,5-ジメチルヘキサナール（4,5-dimethylhexanal）
(581) 2,3-ジメチルヘキサナール（2,3-dimethylhexanal）
(582) 5,5-ジメチルヘキサナール（5,5-dimethylhexanal）
(583) 3,4-ジメチルヘキサナール（3,4-dimethylhexanal）
(584) 2,4-ジメチルヘキサナール（2,4-dimethylhexanal）
(585) 4,4-ジメチルヘキサナール（4,4-dimethylhexanal）
(586) 3,5-ジメチルヘキサナール（3,5-dimethylhexanal）
(587) 3,3-ジメチルヘキサナール（3,3-dimethylhexanal）
(588) 2,2-ジメチルヘキサナール（2,2-dimethylhexanal）

62 複数種類の置換基をもつアルデヒド

解法：61 よりもう少し複雑になるが，考え方の基本は同じ．まずアルデヒドとして命名する．置換基はアルファベット順〔クロロ（chrolo）基メチル（methyl）基〕に並べる．

(589) (2-クロロ)＋(3-メチル)＋(ブタナール)
　　　⇒ 2-クロロ-3-メチルブタナール
　　　　　(2-chloro-3-methylbutanal)
(590) 3-クロロ-4-メチルペンタナール
　　　(3-chloro-4-methylpentanal)
(591) 2-クロロ-4-メチルペンタナール
　　　(2-chloro-4-methylpentanal)
(592) 2-クロロ-2-メチルペンタナール
　　　(2-chloro-2-methylpentanal)
(593) 3-クロロ-3-メチルペンタナール
　　　(3-chloro-3-methylpentanal)
(594) 3-クロロ-5-メチルヘキサナール
　　　(3-chloro-5-methylhexanal)
(595) 5-クロロ-4-メチルヘキサナール
　　　(5-chloro-4-methylhexanal)
(596) 3-クロロ-2-メチルヘキサナール
　　　(3-chloro-2-methylhexanal)
(597) 5-クロロ-5-メチルヘキサナール
　　　(5-chloro-5-methylhexanal)
(598) 4-クロロ-5-メチルヘキサナール
　　　(4-chloro-5-methylhexanal)
(599) 4-クロロ-2-メチルヘキサナール
　　　(4-chloro-2-methylhexanal)
(600) 2-クロロ-5-メチルヘキサナール
　　　(2-chloro-5-methylhexanal)
(601) 5-クロロ-3-メチルヘキサナール
　　　(5-chloro-3-methylhexanal)
(602) 3-クロロ-3-メチルヘキサナール
　　　(3-chloro-3-methylhexanal)
(603) 2-クロロ-2-メチルヘキサナール
　　　(2-chloro-2-methylhexanal)

63 ヒドロキシ基をもつアルデヒド

解法：命名の優先順位は，アルデヒド（ホルミル基）＞アルコール（ヒドロキシ基）となる．アルデヒドにヒドロキシ (hydoxy) 基が結合していると考えて命名する．

(604) (2-ヒドロキシ)＋(プロパナール)
　　　⇒ 2-ヒドロキシプロパナール
　　　　　(2-hydroxypropanal)
(605) 3-ヒドロキシブタナール (3-hydroxybutanal)
(606) 2-ヒドロキシブタナール (2-hydroxybutanal)
(607) 4-ヒドロキシペンタナール (4-hydroxypentanal)
(608) 3-ヒドロキシペンタナール (3-hydroxypentanal)
(609) 2-ヒドロキシペンタナール (2-hydroxypentanal)
(610) 5-ヒドロキシヘキサナール (5-hydroxyhexanal)
(611) 4-ヒドロキシヘキサナール (4-hydroxyhexanal)
(612) 3-ヒドロキシヘキサナール (3-hydroxyhexanal)
(613) 2-ヒドロキシヘキサナール (2-hydroxyhexanal)

14章　ケトン

64 ケトン

解法：直鎖化合物なので，唯一の炭素鎖が主鎖となる．カルボニル基（-CO-）の炭素も主鎖に含めて数えることに注意．カルボニル基の炭素の番号が最小になるように，位置番号をつける．アルカンの語尾（-e）をオン（-one）に変える．

(614) 2-プロパノン（慣用名：アセトン）
　　　〔2-propanone (acetone)〕
(615) 2-ブタノン (2-butanone)
(616) 2-ペンタノン (2-pentanone)
(617) 3-ペンタノン (3-pentanone)
(618) 2-ヘキサノン (2-hexanone)
(619) 3-ヘキサノン (3-hexanone)

65 クロロ基をもつケトン（1）

解法：命名の優先順位は，ケトン（カルボニル基）＞ハロゲン基．64と同様にケトンとして命名する．次いで，クロロ基とその位置番号を示す．

(620) (1-クロロ)＋(2-プロパノン)
　　　⇒ 1-クロロ-2-プロパノン
　　　　　(1-chloro-2-propanone)
(621) 1-クロロ-2-ブタノン (1-chloro-2-butanone)
(622) 3-クロロ-2-ブタノン (3-chloro-2-butanone)
(623) 4-クロロ-2-ブタノン (4-chloro-2-butanone)
(624) 1-クロロ-2-ペンタノン (1-chloro-2-pentanone)
(625) 3-クロロ-2-ペンタノン (3-chloro-2-pentanone)
(626) 4-クロロ-2-ペンタノン (4-chloro-2-pentanone)
(627) 5-クロロ-2-ペンタノン (5-chloro-2-pentanone)
(628) 1-クロロ-3-ペンタノン (1-chloro-3-pentanone)
(629) 2-クロロ-3-ペンタノン (2-chloro-3-pentanone)

66 クロロ基をもつケトン（2）

解法：65と同じ考え方．カルボニル基の炭素の番号ができるだけ小さくなるようにすることを忘れないよう．

(630) （1-クロロ）＋（3-ヘキサノン）
　　　⇒ 1-クロロ-3-ヘキサノン
　　　　（1-chloro-3-hexanone）
(631) 2-クロロ-3-ヘキサノン（2-chloro-3-hexanone）
(632) 4-クロロ-3-ヘキサノン（4-chloro-3-hexanone）
(633) 5-クロロ-3-ヘキサノン（5-chloro-3-hexanone）
(634) 6-クロロ-3-ヘキサノン（6-chloro-3-hexanone）
(635) 1-クロロ-2-ヘキサノン（1-chloro-2-hexanone）
(636) 3-クロロ-2-ヘキサノン（3-chloro-2-hexanone）
(637) 4-クロロ-2-ヘキサノン（4-chloro-2-hexanone）
(638) 5-クロロ-2-ヘキサノン（5-chloro-2-hexanone）
(639) 6-クロロ-2-ヘキサノン（6-chloro-2-hexanone）

67 メチル基をもつケトン（1）

解法：カルボニル基の炭素を含む主鎖を探す．カルボニル基の炭素の番号ができるだけ小さくなるように，主鎖に番号をつける．次いで，メチル基とその位置番号を示す．

(640) （3-メチル）＋（2-ブタノン）
　　　⇒ 3-メチル-2-ブタノン（3-methyl-2-butanone）
(641) 3-メチル-2-ペンタノン（3-methyl-2-pentanone）
(642) 4-メチル-2-ペンタノン（4-methyl-2-pentanone）
(643) 2-メチル-3-ペンタノン（2-methyl-3-pentanone）
(644) 2-メチル-3-ヘキサノン（2-methyl-3-hexanone）
(645) 4-メチル-3-ヘキサノン（4-methyl-3-hexanone）
(646) 5-メチル-3-ヘキサノン（5-methyl-3-hexanone）
(647) 3-メチル-2-ヘキサノン（3-methyl-2-hexanone）
(648) 4-メチル-2-ヘキサノン（4-methyl-2-hexanone）
(649) 5-メチル-2-ヘキサノン（5-methyl-2-hexanone）

68 メチル基をもつケトン（2）

解法：67と同じ考え方．主鎖を見きわめられるかがポイント．ケトンとして命名し，二つのメチル基がついていると考える．

(650) （3,3-ジメチル）＋（2-ブタノン）
　　　⇒ 3,3-ジメチル-2-ブタノン
　　　　（3,3-dimethyl-2-butanone）
(651) 3,4-ジメチル-2-ペンタノン
　　　（3,4-dimethyl-2-pentanone）
(652) 4,4-ジメチル-2-ペンタノン
　　　（4,4-dimethyl-2-pentanone）
(653) 2,4-ジメチル-3-ペンタノン
　　　（2,4-dimethyl-3-pentanone）
(654) 2,5-ジメチル-3-ヘキサノン
　　　（2,5-dimethyl-3-hexanone）
(655) 4,5-ジメチル-3-ヘキサノン
　　　（4,5-dimethyl-3-hexanone）
(656) 2,4-ジメチル-3-ヘキサノン
　　　（2,4-dimethyl-3-hexanone）
(657) 3,3-ジメチル-2-ヘキサノン
　　　（3,3-dimethyl-2-hexanone）
(658) 4,4-ジメチル-2-ヘキサノン
　　　（4,4-dimethyl-2-hexanone）
(659) 5,5-ジメチル-2-ヘキサノン
　　　（5,5-dimethyl-2-hexanone）

69 複数種類の置換基をもつケトン

解法：異なる種類の置換基が結合している．少し複雑になるが，考え方の基本は同じ．まずはケトンとして命名する．置換基はアルファベット順〔クロロ（chrolo）基，メチル（methyl）基〕に並べる．

(660) （3-クロロ）＋（3-メチル）＋（2-ブタノン）
　　　⇒ 3-クロロ-3-メチル-2-ブタノン
　　　　（3-chloro-3-methyl-2-butanone）
(661) 3-クロロ-4-メチル-2-ペンタノン
　　　（3-chloro-4-methyl-2-pentanone）
(662) 4-クロロ-4-メチル-2-ペンタノン
　　　（4-chloro-4-methyl-2-pentanone）
(663) 2-クロロ-4-メチル-3-ペンタノン
　　　（2-chloro-4-methyl-3-pentanone）
(664) 2-クロロ-5-メチル-3-ヘキサノン
　　　（2-chloro-5-methyl-3-hexanone）
(665) 5-クロロ-4-メチル-3-ヘキサノン
　　　（5-chloro-4-methyl-3-hexanone）
(666) 4-クロロ-2-メチル-3-ヘキサノン
　　　（4-chloro-2-methyl-3-hexanone）
(667) 3-クロロ-3-メチル-2-ヘキサノン

(3-chloro-3-methyl-2-hexanone)
(668) 4-クロロ-4-メチル-2-ヘキサノン
(4-chloro-4-methyl-2-hexanone)
(669) 5-クロロ-5-メチル-2-ヘキサノン
(5-chloro-5-methyl-2-hexanone)

70 ヒドロキシ基をもつケトン（1）

解法：命名の優先順位は，ケトン（カルボニル基）＞アルコール（ヒドロキシ基）．ケトンにヒドロキシ基が結合していると考えて命名する．

(670) （1-ヒドロキシ）＋（2-プロパノン）
　　　⇒ 1-ヒドロキシ-2-プロパノン
　　　　（1-hydroxy-2-propanone）
(671) 1-ヒドロキシ-2-ブタノン
　　　（1-hydroxy-2-butanone）
(672) 3-ヒドロキシ-2-ブタノン
　　　（3-hydroxy-2-butanone）
(673) 4-ヒドロキシ-2-ブタノン
　　　（4-hydroxy-2-butanone）
(674) 1-ヒドロキシ-2-ペンタノン
　　　（1-hydroxy-2-pentanone）
(675) 3-ヒドロキシ-2-ペンタノン
　　　（3-hydroxy-2-pentanone）
(676) 4-ヒドロキシ-2-ペンタノン
　　　（4-hydroxy-2-pentanone）
(677) 5-ヒドロキシ-2-ペンタノン
　　　（5-hydroxy-2-pentanone）
(678) 1-ヒドロキシ-3-ペンタノン
　　　（1-hydroxy-3-pentanone）
(679) 2-ヒドロキシ-3-ペンタノン
　　　（2-hydroxy-3-pentanone）

71 ヒドロキシ基をもつケトン（2）

解法：70と同じ考え方．命名の優先順位はケトン＞アルコール．

(680) （1-ヒドロキシ）＋（3-ヘキサノン）
　　　⇒ 1-ヒドロキシ-3-ヘキサノン
　　　　（1-hydroxy-3-hexanone）
(681) 2-ヒドロキシ-3-ヘキサノン
　　　（2-hydroxy-3-hexanone）
(682) 4-ヒドロキシ-3-ヘキサノン
　　　（4-hydroxy-3-hexanone）
(683) 5-ヒドロキシ-3-ヘキサノン
　　　（5-hydroxy-3-hexanone）
(684) 6-ヒドロキシ-3-ヘキサノン
　　　（6-hydroxy-3-hexanone）
(685) 1-ヒドロキシ-2-ヘキサノン
　　　（1-hydroxy-2-hexanone）
(686) 3-ヒドロキシ-2-ヘキサノン
　　　（3-hydroxy-2-hexanone）
(687) 4-ヒドロキシ-2-ヘキサノン
　　　（4-hydroxy-2-hexanone）
(688) 5-ヒドロキシ-2-ヘキサノン
　　　（5-hydroxy-2-hexanone）
(689) 6-ヒドロキシ-2-ヘキサノン
　　　（6-hydroxy-2-hexanone）

72 アミノ基をもつケトン（1）

解法：命名の優先順位は，ケトン（カルボニル基）＞アミン（アミノ基）．ケトンにアミノ基が結合していると考えて命名する．

(690) 1-アミノ-2-プロパノン（1-amino-2-propanone）
(691) 1-アミノ-2-ブタノン（1-amino-2-butanone）
(692) 3-アミノ-2-ブタノン（3-amino-2-butanone）
(693) 4-アミノ-2-ブタノン（4-amino-2-butanone）
(694) 1-アミノ-2-ペンタノン（1-amino-2-pentanone）
(695) 3-アミノ-2-ペンタノン（3-amino-2-pentanone）
(696) 4-アミノ-2-ペンタノン（4-amino-2-pentanone）
(697) 5-アミノ-2-ペンタノン（5-amino-2-pentanone）
(698) 1-アミノ-3-ペンタノン（1-amino-3-pentanone）
(699) 2-アミノ-3-ペンタノン（2-amino-3-pentanone）

73 アミノ基をもつケトン（2）

解法：72と同じ考え方．命名の優先順位はケトン＞アミン．

(700) （1-アミノ）＋（3-ヘキサノン）
　　　⇒ 1-アミノ-3-ヘキサノン
　　　　（1-amino-3-hexanone）
(701) 2-アミノ-3-ヘキサノン（2-amino-3-hexanone）
(702) 4-アミノ-3-ヘキサノン（4-amino-3-hexanone）
(703) 5-アミノ-3-ヘキサノン（5-amino-3-hexanone）
(704) 6-アミノ-3-ヘキサノン（6-amino-3-hexanone）

(705) 1-アミノ-2-ヘキサノン（1-amino-2-hexanone）
(706) 3-アミノ-2-ヘキサノン（3-amino-2-hexanone）
(707) 4-アミノ-2-ヘキサノン（4-amino-2-hexanone）
(708) 5-アミノ-2-ヘキサノン（5-amino-2-hexanone）
(709) 6-アミノ-2-ヘキサノン（6-amino-2-hexanone）

15章　カルボン酸

74 カルボン酸

解法：直鎖化合物なので，唯一の炭素鎖が主鎖となる．カルボキシ基（-COOH）の炭素も主鎖に含まれるので炭素数を数えるときは注意しよう．命名はアルカンの語尾（-e）を酸（-oic acid）に変える．

(710) メタン酸（慣用名：ギ酸）
　　　〔methanoic acid（formic acid）〕
(711) エタン酸（慣用名：酢酸）
　　　〔ethanoic acid（acetic acid）〕
(712) プロパン酸（propanoic acid）
(713) ブタン酸（butanoic acid）
(714) ペンタン酸（pentanoic acid）
(715) ヘキサン酸（hexanoic acid）

75 クロロ基をもつカルボン酸

解法：命名の優先順位は，カルボン酸（カルボキシ基）＞ハロゲン基．74 と同様にカルボン酸として命名する．カルボキシ基の炭素を1位とし，主鎖に番号をつける．次いで，クロロ基とその位置番号を示す．

(716) (2-クロロ)＋(エタン酸)
　　　⇒2-クロロエタン酸（2-chloroethanoic acid）
(717) 3-クロロプロパン酸（3-chloropropanoic acid）
(718) 2-クロロプロパン酸（2-chloropropanoic acid）
(719) 4-クロロブタン酸（4-chlorobutanoic acid）
(720) 3-クロロブタン酸（3-chlorobutanoic acid）
(721) 2-クロロブタン酸（2-chlorobutanoic acid）
(722) 5-クロロペンタン酸（5-chloropentanoic acid）
(723) 4-クロロペンタン酸（4-chloropentanoic acid）
(724) 3-クロロペンタン酸（3-chloropentanoic acid）
(725) 2-クロロペンタン酸（2-chloropentanoic acid）
(726) 6-クロロヘキサン酸（6-chlorohexanoic acid）
(727) 5-クロロヘキサン酸（5-chlorohexanoic acid）
(728) 4-クロロヘキサン酸（4-chlorohexanoic acid）
(729) 3-クロロヘキサン酸（3-chlorohexanoic acid）
(730) 2-クロロヘキサン酸（2-chlorohexanoic acid）

76 メチル基をもつカルボン酸（1）

解法：カルボキシ基の炭素を含む主鎖を探す．カルボキシ基の炭素を1位とし，主鎖に番号をつける．次いで，メチル基とその位置を示す．

(731) (2-メチル)＋(プロパン酸)
　　　⇒2-メチルプロパン酸
　　　（2-methylpropanoic acid）
(732) 3-メチルブタン酸（3-methylbutanoic acid）
(733) 2-メチルブタン酸（2-methylbutanoic acid）
(734) 4-メチルペンタン酸（4-methylpentanoic acid）
(735) 3-メチルペンタン酸（3-methylpentanoic acid）
(736) 2-メチルペンタン酸（2-methylpentanoic acid）
(737) 5-メチルヘキサン酸（5-methylhexanoic acid）
(738) 4-メチルヘキサン酸（4-methylhexanoic acid）
(739) 3-メチルヘキサン酸（3-methylhexanoic acid）
(740) 2-メチルヘキサン酸（2-methylhexanoic acid）

77 メチル基をもつカルボン酸（2）

解法：76 と同じ考え方．カルボキシ基の炭素を含む主鎖を探す．まずカルボン酸として命名し，二つのメチル基が結合していると考える．

(741) (2,3-ジメチル)＋(ブタン酸)
　　　⇒2,3-ジメチルブタン酸
　　　（2,3-dimethylbutanoic acid）
(742) 3,4-ジメチルペンタン酸
　　　（3,4-dimethylpentanoic acid）
(743) 2,4-ジメチルペンタン酸
　　　（2,4-dimethylpentanoic acid）
(744) 2,2-ジメチルペンタン酸
　　　（2,2-dimethylpentanoic acid）
(745) 3,3-ジメチルペンタン酸
　　　（3,3-dimethylpentanoic acid）
(746) 2,3-ジメチルヘキサン酸
　　　（2,3-dimethylhexanoic acid）
(747) 4,5-ジメチルヘキサン酸
　　　（4,5-dimethylhexanoic acid）
(748) 2,5-ジメチルヘキサン酸

- (2,5-dimethylhexanoic acid)
- (749) 5,5-ジメチルヘキサン酸
  (5,5-dimethylhexanoic acid)
- (750) 3,4-ジメチルヘキサン酸
  (3,4-dimethylhexanoic acid)
- (751) 2,4-ジメチルヘキサン酸
  (2,4-dimethylhexanoic acid)
- (752) 4,4-ジメチルヘキサン酸
  (4,4-dimethylhexanoic acid)
- (753) 3,5-ジメチルヘキサン酸
  (3,5-dimethylhexanoic acid)
- (754) 3,3-ジメチルヘキサン酸
  (3,3-dimethylhexanoic acid)
- (755) 2,2-ジメチルヘキサン酸
  (2,2-dimethylhexanoic acid)

78 ヒドロキシ基をもつカルボン酸

解法：命名の優先順位は，カルボン酸（カルボキシ基）＞アルコール（ヒドロキシ基）．カルボン酸にヒドロキシ基が結合していると考えて命名する．

- (756) （2-ヒドロキシ）＋（エタン酸）
  ⇒ 2-ヒドロキシエタン酸
  　　　（2-hydroxyethanoic acid）
- (757) 3-ヒドロキシプロパン酸
  （3-hydroxypropanoic acid）
- (758) 2-ヒドロキシプロパン酸
  （2-hydroxypropanoic acid）
- (759) 4-ヒドロキシブタン酸 (4-hydroxybutanoic acid)
- (760) 3-ヒドロキシブタン酸 (3-hydroxybutanoic acid)
- (761) 2-ヒドロキシブタン酸 (2-hydroxybutanoic acid)
- (762) 5-ヒドロキシペンタン酸
  （5-hydroxypentanoic acid）
- (763) 4-ヒドロキシペンタン酸
  （4-hydroxypentanoic acid）
- (764) 3-ヒドロキシペンタン酸
  （3-hydroxypentanoic acid）
- (765) 2-ヒドロキシペンタン酸
  （2-hydroxypentanoic acid）
- (766) 6-ヒドロキシヘキサン酸
  （6-hydroxyhexanoic acid）
- (767) 5-ヒドロキシヘキサン酸
  （5-hydroxyhexanoic acid）
- (768) 4-ヒドロキシヘキサン酸
  （4-hydroxyhexanoic acid）
- (769) 3-ヒドロキシヘキサン酸
  （3-hydroxyhexanoic acid）
- (770) 2-ヒドロキシヘキサン酸
  （2-hydroxyhexanoic acid）

79 アミノ基をもつカルボン酸

解法：命名の優先順位は，カルボン酸（カルボキシ基）＞アミン（アミノ基）．カルボン酸にアミノ基（－NH$_2$）が結合していると考えて命名する．

- (771) （2-アミノ）＋（エタン酸）
  ⇒ 2-アミノエタン酸（慣用名：グリシン）
  　　〔2-aminoethanoic acid（glycine）〕
- (772) 3-アミノプロパン酸 (3-aminopropanoic acid)
- (773) 2-アミノプロパン酸（慣用名：アラニン）
  〔2-aminopropanoic acid（alanine）〕
- (774) 4-アミノブタン酸 (4-aminobutanoic acid)
- (775) 3-アミノブタン酸 (3-aminobutanoic acid)
- (776) 2-アミノブタン酸 (2-aminobutanoic acid)
- (777) 5-アミノペンタン酸 (5-aminopentanoic acid)
- (778) 4-アミノペンタン酸 (4-aminopentanoic acid)
- (779) 3-アミノペンタン酸 (3-aminopentanoic acid)
- (780) 2-アミノペンタン酸 (2-aminopentanoic acid)
- (781) 6-アミノヘキサン酸 (6-aminohexanoic acid)
- (782) 5-アミノヘキサン酸 (5-aminohexanoic acid)
- (783) 4-アミノヘキサン酸 (4-aminohexanoic acid)
- (784) 3-アミノヘキサン酸 (3-aminohexanoic acid)
- (785) 2-アミノヘキサン酸 (2-aminohexanoic acid)

80 カルボニル基をもつカルボン酸

解法：ケトンとカルボン酸がつながった分子の場合，カルボン酸に酸素（＝O）が結合していると考える．酸素（＝O）はオキソ（oxo）基として命名する．

- (786) （2-オキソ）＋（プロパン酸）
  ⇒ 2-オキソプロパン酸
  　　　（2-oxopropanoic acid）
- (787) 3-オキソブタン酸 (3-oxobutanoic acid)
- (788) 2-オキソブタン酸 (2-oxobutanoic acid)
- (789) 4-オキソペンタン酸 (4-oxopentanoic acid)
- (790) 3-オキソペンタン酸 (3-oxopentanoic acid)

(791) 2-オキソペンタン酸 (2-oxopentanoic acid)
(792) 5-オキソヘキサン酸 (5-oxohexanoic acid)
(793) 4-オキソヘキサン酸 (4-oxohexanoic acid)
(794) 3-オキソヘキサン酸 (3-oxohexanoic acid)
(795) 2-オキソヘキサン酸 (2-oxohexanoic acid)

16章　カルボン酸エステル

81 カルボン酸エステル

解法：直鎖カルボン酸のエステルは，まずカルボン酸由来の部分の主鎖とし，カルボン酸として命名する．次いでアルコール由来の部分の炭素鎖を数え，最終的にエステルとして命名する．p.63 の「命名法のポイント」でおさらいしよう．

(796) （メタン酸）＋（メチル）
　　　⇒メタン酸メチル（慣用名：ギ酸メチル）
　　　　（methyl methanoate〔methyl formate〕）
(797) エタン酸エチル（慣用名：酢酸エチル）
　　　（ethyl ethanoate〔ethyl acetate〕）
(798) プロパン酸メチル （methyl propanoate）
(799) ブタン酸エチル （ethyl butanoate）
(800) ペンタン酸メチル （methyl pentanoate）
(801) ヘキサン酸メチル （methyl hexanoate）

82 クロロ基をもつカルボン酸エステル

解法：命名の優先順位は，エステル（エステル結合）＞ハロゲン基．75 と同様にカルボン酸として命名し，クロロ基とその位置番号を示す．次いでアルコール由来の部分の炭素数を数え，最終的にエステルとして命名する．

(802) （2-クロロ）＋（エタン酸）＋（メチル）
　　　⇒2-クロロエタン酸メチル（慣用名：クロロ酢酸メチル）〔methyl 2-chloroethanoate
　　　（methyl 2-chloroacetate）〕
(803) 3-クロロプロパン酸エチル
　　　（ethyl 3-chloropropanoate）
(804) 2-クロロプロパン酸メチル
　　　（methyl 2-chloropropanoate）
(805) 4-クロロブタン酸エチル
　　　（ethyl 4-chlorobutanoate）
(806) 3-クロロブタン酸メチル
　　　（methyl 3-chlorobutanoate）

(807) 2-クロロブタン酸エチル
　　　（ethyl 2-chlorobutanoate）
(808) 5-クロロペンタン酸エチル
　　　（ethyl 5-chloropentanoate）
(809) 4-クロロペンタン酸メチル
　　　（methyl 4-chloropentanoate）
(810) 3-クロロペンタン酸エチル
　　　（ethyl 3-chloropentanoate）
(811) 2-クロロペンタン酸メチル
　　　（methyl 2-chloropentanoate）
(812) 6-クロロヘキサン酸エチル
　　　（ethyl 6-chlorohexanoate）
(813) 5-クロロヘキサン酸メチル
　　　（methyl 5-chlorohexanoate）
(814) 4-クロロヘキサン酸エチル
　　　（ethyl 4-chlorohexanoate）
(815) 3-クロロヘキサン酸メチル
　　　（methyl 3-chlorohexanoate）
(816) 2-クロロヘキサン酸エチル
　　　（ethyl 2-chlorohexanoate）

83 メチル基をもつカルボン酸エステル（1）

解法：76 と同じ考え方．まずメチル基が一つ結合したカルボン酸として命名する．次いでアルコール由来の部分の炭素数を数え，最終的にエステルとして命名する．

(817) （2-メチル）＋（プロパン酸）＋（メチル）
　　　⇒2-メチルプロパン酸メチル
　　　（methyl 2-methylpropanoate）
(818) 3-メチルブタン酸エチル
　　　（ethyl 3-methylbutanoate）
(819) 2-メチルブタン酸メチル
　　　（methyl 2-methylbutanoate）
(820) 4-メチルペンタン酸エチル
　　　（ethyl 4-methylpentanoate）
(821) 3-メチルペンタン酸メチル
　　　（methyl 3-methylpentanoate）
(822) 2-メチルペンタン酸エチル
　　　（ethyl 2-methylpentanoate）
(823) 5-メチルヘキサン酸メチル
　　　（methyl 5-methylhexanoate）
(824) 4-メチルヘキサン酸エチル
　　　（ethyl 4-methylhexanoate）

(825) 3-メチルヘキサン酸メチル
（methyl 3-methylhexanoate）
(826) 2-メチルヘキサン酸エチル
（ethyl 2-methylhexanoate）

84 メチル基をもつカルボン酸エステル（2）

解法：77と同様に考える．まず，メチル基が二つ結合したカルボン酸として命名する．次いでアルコール由来の部分の炭素数を数え，最終的にエステルとして命名する．

(827) （2,3-ジメチル）+（ブタン酸）+（メチル）
⇒ 2,3-ジメチルブタン酸メチル
（methyl 2,3-dimethylbutanoate）
(828) 3,4-ジメチルペンタン酸メチル
（methyl 3,4-dimethylpentanoate）
(829) 2,4-ジメチルペンタン酸エチル
（ethyl 2,4-dimethylpentanoate）
(830) 2,2-ジメチルペンタン酸メチル
（methyl 2,2-dimethylpentanoate）
(831) 3,3-ジメチルペンタン酸エチル
（ethyl 3,3-dimethylpentanoate）
(832) 2,3-ジメチルヘキサン酸エチル
（ethyl 2,3-dimethylhexanoate）
(833) 4,5-ジメチルヘキサン酸メチル
（methyl 4,5-dimethylhexanoate）
(834) 2,5-ジメチルヘキサン酸メチル
（methyl 2,5-dimethylhexanoate）
(835) 5,5-ジメチルヘキサン酸エチル
（ethyl 5,5-dimethylhexanoate）
(836) 4,5-ジメチルヘキサン酸メチル
（methyl 4,5-dimethylhexanoate）
(837) 2,4-ジメチルヘキサン酸メチル
（methyl 2,4-dimethylhexanoate）
(838) 5,5-ジメチルヘキサン酸メチル
（methyl 5,5-dimethylhexanoate）
(839) 3,5-ジメチルヘキサン酸エチル
（ethyl 3,5-dimethylhexanoate）
(840) 3,3-ジメチルヘキサン酸エチル
（ethyl 3,3-dimethylhexanoate）
(841) 2,2-ジメチルヘキサン酸メチル
（methyl 2,2-dimethylhexanoate）

85 カルボニル基をもつカルボン酸エステル

解法：80と同じ考え方．まずオキソ基をもつカルボン酸として命名する．次いでアルコール由来の部分の炭素数を数え，最終的にエステルとして命名する．

(842) （2-オキソ）+（プロパン酸）+（メチル）
⇒ 2-オキソプロパン酸メチル
（methyl 2-oxopropanoate）
(843) 3-オキソブタン酸エチル（ethyl 3-oxobutanoate）
(844) 2-オキソブタン酸メチル（methyl 2-oxobutanoate）
(845) 4-オキソペンタン酸エチル
（ethyl 4-oxopentanoate）
(846) 3-オキソペンタン酸メチル
（methyl 3-oxopentanoate）
(847) 2-オキソペンタン酸エチル
（ethyl 2-oxopentanoate）
(848) 5-オキソヘキサン酸メチル
（methyl 5-oxohexanoate）
(849) 4-オキソヘキサン酸エチル
（ethyl 4-oxohexanoate）
(850) 3-オキソヘキサン酸メチル
（methyl 3-oxohexanoate）
(851) 2-オキソヘキサン酸エチル
（ethyl 2-oxohexanoate）

17章　ニトリル

86 ニトリル

解法：直鎖化合物なので，唯一の炭素鎖が主鎖となる．シアノ基（-CN）の炭素も主鎖に含まれることに注意しよう．同じ炭素数のアルカンの語尾にニトリル（nitrile）を加える．

(852) エタンニトリル（慣用名：アセトニトリル）
〔ethanenitrile（acetonitrile）〕
(853) プロパンニトリル（propanenitrile）
(854) ブタンニトリル（butanenitrile）
(855) ペンタンニトリル（pentanenitrile）
(856) ヘキサンニトリル（hexanenitrile）

87 クロロ基をもつニトリル

解法：命名の優先順位は，ニトリル（シアノ基）＞ハロゲン基．86と同様にニトリルとして命名する．シアノ基の炭素を1位とし，主鎖に番号をつける．次いでクロロ基とその位置番号を示す．

(857) (2-クロロ)＋(エタンニトリル)
　　　⇒ 2-クロロエタンニトリル
　　　　(2-chloroethanenitrile)
(858) 3-クロロプロパンニトリル
　　　(3-chloropropanenitrile)
(859) 2-クロロプロパンニトリル
　　　(2-chloropropanenitrile)
(860) 4-クロロブタンニトリル (4-chlorobutanenitrile)
(861) 3-クロロブタンニトリル (3-chlorobutanenitrile)
(862) 2-クロロブタンニトリル (2-chlorobutanenitrile)
(863) 5-クロロペンタンニトリル
　　　(5-chloropentanenitrile)
(864) 4-クロロペンタンニトリル
　　　(4-chloropentanenitrile)
(865) 3-クロロペンタンニトリル
　　　(3-chloropentanenitrile)
(866) 2-クロロペンタンニトリル
　　　(2-chloropentanenitrile)
(867) 6-クロロヘキサンニトリル
　　　(6-chlorohexanenitrile)
(868) 5-クロロヘキサンニトリル
　　　(5-chlorohexanenitrile)
(869) 4-クロロヘキサンニトリル
　　　(4-chlorohexanenitrile)
(870) 3-クロロヘキサンニトリル
　　　(3-chlorohexanenitrile)
(871) 2-クロロヘキサンニトリル
　　　(2-chlorohexanenitrile)

88 メチル基をもつニトリル（1）

解法：シアノ基の炭素を含む主鎖を見きわめる．まず直鎖ニトリルとして命名し，一つのメチル基がついていると考える．

(872) (2-メチル)＋(プロパンニトリル)
　　　⇒ 2-メチルプロパンニトリル
　　　　(2-methylpropanenitrile)
(873) 3-メチルブタンニトリル (3-methylbutanenitrile)
(874) 2-メチルブタンニトリル (2-methylbutanenitrile)
(875) 4-メチルペンタンニトリル
　　　(4-methylpentanenitrile)
(876) 3-メチルペンタンニトリル
　　　(3-methylpentanenitrile)
(877) 2-メチルペンタンニトリル
　　　(2-methylpentanenitrile)
(878) 5-メチルヘキサンニトリル
　　　(5-methylhexanenitrile)
(879) 4-メチルヘキサンニトリル
　　　(4-methylhexanenitrile)
(880) 3-メチルヘキサンニトリル
　　　(3-methylhexanenitrile)
(881) 2-メチルヘキサンニトリル
　　　(2-methylhexanenitrile)

89 メチル基をもつニトリル（2）

解法：シアノ基の炭素を含む主鎖を探す．まず直鎖ニトリルとして命名し，二つのメチル基がついていると考える．

(882) (2,3-ジメチル)＋(ブタンニトリル)
　　　⇒ 2,3-ジメチルブタンニトリル
　　　　(2,3-dimethylbutanenitrile)
(883) 3,4-ジメチルペンタンニトリル
　　　(3,4-dimethylpentanenitrile)
(884) 2,4-ジメチルペンタンニトリル
　　　(2,4-dimethylpentanenitrile)
(885) 2,2-ジメチルペンタンニトリル
　　　(2,2-dimethylpentanenitrile)
(886) 3,3-ジメチルペンタンニトリル
　　　(3,3-dimethylpentanenitrile)
(887) 2,3-ジメチルヘキサンニトリル
　　　(2,3-dimethylhexanenitrile)
(888) 4,5-ジメチルヘキサンニトリル
　　　(4,5-dimethylhexanenitrile)
(889) 2,5-ジメチルヘキサンニトリル
　　　(2,5-dimethylhexanenitrile)
(890) 4,4-ジメチルヘキサンニトリル
　　　(4,4-dimethylhexanenitrile)
(891) 3,4-ジメチルヘキサンニトリル
　　　(3,4-dimethylhexanenitrile)
(892) 2,4-ジメチルヘキサンニトリル

(2,4-dimethylhexanenitrile)
(893) 5,5-ジメチルヘキサンニトリル
(5,5-dimethylhexanenitrile)
(894) 3,5-ジメチルヘキサンニトリル
(3,5-dimethylhexanenitrile)
(895) 3,3-ジメチルヘキサンニトリル
(3,3-dimethylhexanenitrile)
(896) 2,2-ジメチルヘキサンニトリル
(2,2-dimethylhexanenitrile)

18章　酸塩化物

90 酸塩化物

解法：直鎖カルボン酸の塩化物なので，まずカルボン酸由来の部分の炭素数を数え，カルボン酸として命名する．次いで，カルボン酸名の語尾（-ic acid）をノイル（-yl chloride）に変え，塩化物として命名する．p.71 の「命名法のポイント」でおさらいしよう．

(897) メタン酸（methanoic acid）
　　→メタノイル（methanoyl）
　　（塩化）+（メタノイル）
　　⇒塩化メタノイル（methanoyl chloride）
(898) 塩化エタノイル（慣用名：塩化アセチル）
　　〔ethanoyl chloride（acetyl chloride）〕
(899) 塩化プロパノイル（propanoyl chloride）
(900) 塩化ブタノイル（butanoyl chloride）
(901) 塩化ペンタノイル（pentanoyl chloride）
(902) 塩化ヘキサノイル（hexanoyl chloride）

91 クロロ基をもつ酸塩化物

解法：75 と同様に，クロロ基をもつカルボン酸としてまず命名する．次いで酸塩化物として命名する．

(903) （塩化）+（2-クロロ）+（エタノイル）
　　⇒塩化 2-クロロエタノイル
　　　（2-chloroethanoyl chloride）
(904) 塩化 3-クロロプロパノイル
　　（3-chloropropanoyl chloride）
(905) 塩化 2-クロロプロパノイル
　　（2-chloropropanoyl chloride）
(906) 塩化 4-クロロブタノイル
　　（4-chlorobutanoyl chloride）
(907) 塩化 3-クロロブタノイル
　　（3-chlorobutanoyl chloride）
(908) 塩化 2-クロロブタノイル
　　（2-chlorobutanoyl chloride）
(909) 塩化 5-クロロペンタノイル
　　（5-chloropentanoyl chloride）
(910) 塩化 4-クロロペンタノイル
　　（4-chloropentanoyl chloride）
(911) 塩化 3-クロロペンタノイル
　　（3-chloropentanoyl chloride）
(912) 塩化 2-クロロペンタノイル
　　（2-chloropentanoyl chloride）
(913) 塩化 6-クロロヘキサノイル
　　（6-chlorohexanoyl chloride）
(914) 塩化 5-クロロヘキサノイル
　　（5-chlorohexanoyl chloride）
(915) 塩化 4-クロロヘキサノイル
　　（4-chlorohexanoyl chloride）
(916) 塩化 3-クロロヘキサノイル
　　（3-chlorohexanoyl chloride）
(917) 塩化 2-クロロヘキサノイル
　　（2-chlorohexanoyl chloride）

92 メチル基をもつ酸塩化物（1）

解法：76 と同様に，まず一つのメチル基をもつカルボン酸として命名する．次いで酸塩化物として命名する．

(918) （塩化）+（2-メチル）+（プロパノイル）
　　⇒塩化 2-メチルプロパノイル
　　　（2-methylpropanoyl chloride）
(919) 塩化 3-メチルブタノイル
　　（3-methylbutanoyl chloride）
(920) 塩化 2-メチルブタノイル
　　（2-methylbutanoyl chloride）
(921) 塩化 4-メチルペンタノイル
　　（4-methylpentanoyl chloride）
(922) 塩化 3-メチルペンタノイル
　　（3-methylpentanoyl chloride）
(923) 塩化 2-メチルペンタノイル
　　（2-methylpentanoyl chloride）
(924) 塩化 5-メチルヘキサノイル
　　（5-methylhexanoyl chloride）

(925) 塩化 4-メチルヘキサノイル
(4-methylhexanoyl chloride)
(926) 塩化 3-メチルヘキサノイル
(3-methylhexanoyl chloride)
(927) 塩化 2-メチルヘキサノイル
(2-methylhexanoyl chloride)

93 メチル基をもつ酸塩化物（2）

解法: 77と同様に，まず二つのメチル基をもつカルボン酸として命名する．次いで酸塩化物として命名する．

(928) （塩化）＋(2,3-ジメチル)＋(ブタノイル)
　　⇒塩化 2,3-ジメチルブタノイル
　　　(2,3-dimethylbutanoyl chloride)
(929) 塩化 3,4-ジメチルペンタノイル
(3,4-dimethylpentanoyl chloride)
(930) 塩化 2,4-ジメチルペンタノイル
(2,4-dimethylpentanoyl chloride)
(931) 塩化 2,2-ジメチルペンタノイル
(2,2-dimethylpentanoyl chloride)
(932) 塩化 3,3-ジメチルペンタノイル
(3,3-dimethylpentanoyl chloride)
(933) 塩化 2,3-ジメチルヘキサノイル
(2,3-dimethylhexanoyl chloride)
(934) 塩化 4,5-ジメチルヘキサノイル
(4,5-dimethylhexanoyl chloride)
(935) 塩化 2,5-ジメチルヘキサノイル
(2,5-dimethylhexanoyl chloride)
(936) 塩化 4,4-ジメチルヘキサノイル
(4,4-dimethylhexanoyl chloride)
(937) 塩化 3,4-ジメチルヘキサノイル
(3,4-dimethylhexanoyl chloride)
(938) 塩化 2,4-ジメチルヘキサノイル
(2,4-dimethylhexanoyl chloride)
(939) 塩化 5,5-ジメチルヘキサノイル
(5,5-dimethylhexanoyl chloride)
(940) 塩化 3,5-ジメチルヘキサノイル
(3,5-dimethylhexanoyl chloride)
(941) 塩化 3,3-ジメチルヘキサノイル
(3,3-dimethylhexanoyl chloride)
(942) 塩化 2,2-ジメチルヘキサノイル
(2,2-dimethylhexanoyl chloride)

19章　芳香族

94 メチル基をもつベンゼン

解法: 命名は「置換基名」＋「ベンゼン」が基本となる．一置換ベンゼンは置換基の位置は不要だが，二置換以上は置換基の位置番号が必要となる．これまでと同様に，メチル基の位置番号は最小になるようにしよう．

(943) ベンゼン（benzene）
(944) （メチル）＋（ベンゼン）
　　⇒メチルベンゼン（慣用名：トルエン）
　　　〔methylbenzene（toluene）〕
(945) 1,2-ジメチルベンゼン（慣用名：o-キシレン）
　　　〔1,2-dimethylbenzene（o-xylene）〕
(946) 1,3-ジメチルベンゼン（慣用名：m-キシレン）
　　　〔1,3-dimethylbenzene（m-xylene）〕
(947) 1,4-ジメチルベンゼン（慣用名：p-キシレン）
　　　〔1,4-dimethylbenzene（p-xylene）〕
(948) 1,2,3-トリメチルベンゼン
　　　(1,2,3-trimethylbenzene)
(949) 1,2,4-トリメチルベンゼン
　　　(1,2,4-trimethylbenzene)
(950) 1,3,5-トリメチルベンゼン（慣用名：メシチレン）
　　　〔1,3,5-trimethylbenzene（mesitylene）〕

95 ハロゲン基をもつベンゼン

解法: これも「置換基名」＋「ベンゼン」が基本．一置換ベンゼンの場合は，置換基の位置番号は不要．

(951) （フルオロ）＋（ベンゼン）
　　⇒フルオロベンゼン（fluorobenzene）
(952) クロロベンゼン（chlorobenzene）
(953) ブロモベンゼン（bromobenzene）
(954) ヨードベンゼン（iodobenzene）

96 複数の同種ハロゲン基をもつベンゼン

解法: 二置換ベンゼンは，置換基の位置番号が必要となる．位置番号は最小になるように右回り，左回りの両方を考えよう．同種の置換基が二つある場合は，接頭語のジ（di-）も忘れずに．

(955) （1,2-ジフルオロ）+（ベンゼン）
　　　⇒ 1,2-ジフルオロベンゼン
　　　　（1,2-difluorobenzene）
(956) 1,3-ジフルオロベンゼン （1,3-difluorobenzene）
(957) 1,4-ジフルオロベンゼン （1,4-difluorobenzene）
(958) 1,2-ジクロロベンゼン （1,2-dichlorobenzene）
(959) 1,3-ジクロロベンゼン （1,3-dichlorobenzene）
(960) 1,4-ジクロロベンゼン （1,4-dichlorobenzene）
(961) 1,2-ジブロモベンゼン （1,2-dibromobenzene）
(962) 1,3-ジブロモベンゼン （1,3-dibromobenzene）
(963) 1,4-ジブロモベンゼン （1,4-dibromobenzene）
(964) 1,2-ジヨードベンゼン （1,2-diiodobenzene）
(965) 1,3-ジヨードベンゼン （1,3-diiodobenzene）
(966) 1,4-ジヨードベンゼン （1,4-diiodobenzene）

97 複数の異種ハロゲン基をもつベンゼン

解法：二置換ベンゼンは，置換基の位置番号が必要となる．位置番号は最小になるように右回り，左回りの両方を考えよう．異なった種類の置換基はアルファベット順に並べる．

(967) （1-クロロ）+（2-フルオロ）+（ベンゼン）
　　　⇒ 1-クロロ-2-フルオロベンゼン
　　　　（1-chloro-2-fluorobenzene）
(968) 1-クロロ-3-フルオロベンゼン
　　　（1-chloro-3-fluorobenzene）
(969) 1-クロロ-4-フルオロベンゼン
　　　（1-chloro-4-fluorobenzene）
(970) 1-ブロモ-2-クロロベンゼン
　　　（1-bromo-2-chlorobenzene）
(971) 1-ブロモ-3-クロロベンゼン
　　　（1-bromo-3-chlorobenzene）
(972) 1-ブロモ-4-クロロベンゼン
　　　（1-bromo-4-chlorobenzene）
(973) 1-ブロモ-2-ヨードベンゼン
　　　（1-bromo-2-iodobenzene）
(974) 1-ブロモ-3-ヨードベンゼン
　　　（1-bromo-3-iodobenzene）
(975) 1-ブロモ-4-ヨードベンゼン
　　　（1-bromo-4-iodobenzene）
(976) 1-フルオロ-2-ヨードベンゼン
　　　（1-fluoro-2-iodobenzene）
(977) 1-フルオロ-3-ヨードベンゼン
　　　（1-fluoro-3-iodobenzene）
(978) 1-フルオロ-4-ヨードベンゼン
　　　（1-fluoro-4-iodobenzene）

98 メチル基と複数の同種ハロゲン基をもつベンゼン

解法：三置換ベンゼンは，置換基の位置を示す番号が必要となる．位置番号は最小になるように右回り，左回りの両方を考えよう．異なった種類の置換基はアルファベット順に並べる．

(979) （1,2-ジフルオロ）+（3-メチル）+（ベンゼン）
　　　⇒ 1,2-ジフルオロ-3-メチルベンゼン
　　　　（1,2-difluoro-3-methylbenzene）
(980) 1,3-ジフルオロ-2-メチルベンゼン
　　　（1,3-difluoro-2-methylbenzene）
(981) 1,4-ジフルオロ-2-メチルベンゼン
　　　（1,4-difluoro-2-methylbenzene）
(982) 1,2-ジクロロ-3-メチルベンゼン
　　　（1,2-dichloro-3-methylbenzene）
(983) 1,3-ジクロロ-2-メチルベンゼン
　　　（1,3-dichloro-2-methylbenzene）
(984) 1,4-ジクロロ-2-メチルベンゼン
　　　（1,4-dichloro-2-methylbenzene）
(985) 1,2-ジブロモ-3-メチルベンゼン
　　　（1,2-dibromo-3-methylbenzene）
(986) 1,3-ジブロモ-2-メチルベンゼン
　　　（1,3-dibromo-2-methylbenzene）
(987) 1,4-ジブロモ-2-メチルベンゼン
　　　（1,4-dibromo-2-methylbenzene）
(988) 1,2-ジヨード-3-メチルベンゼン
　　　（1,2-diiodo-3-methylbenzene）
(989) 1,3-ジヨード-2-メチルベンゼン
　　　（1,3-diiodo-2-methylbenzene）
(990) 1,4-ジヨード-2-メチルベンゼン
　　　（1,4-diiodo-2-methylbenzene）

99 メチル基と複数の異種ハロゲン基をもつベンゼン

解法：三置環ベンゼンは，置換基の位置を示す番号が必要となる．位置番号は最小になるように右回り，左回りの両方を考えよう．異なった種類の置換基はアルファベット順に並べる．

(991) （1-クロロ）+（2-フルオロ）+（3-メチル）+（ベンゼン）⇒ 1-クロロ-2-フルオロ-3-メチルベンゼ

ン（1-chloro-2-fluoro-3-methylbenzene）
(992) 1-クロロ-3-フルオロ-2-メチルベンゼン
（1-chloro-3-fluoro-2-methylbenzene）
(993) 4-クロロ-1-フルオロ-2-メチルベンゼン
（4-chloro-1-fluoro-2-methylbenzene）
(994) 1-ブロモ-2-クロロ-3-メチルベンゼン
（1-bromo-2-chloro-3-methylbenzene）
(995) 1-ブロモ-3-クロロ-2-メチルベンゼン
（1-bromo-3-chloro-2-methylbenzene）
(996) 4-ブロモ-1-クロロ-2-メチルベンゼン
（4-bromo-1-chloro-2-methylbenzene）
(997) 2-ブロモ-1-ヨード-3-メチルベンゼン
（2-bromo-1-iodo-3-methylbenzene）
(998) 1-ブロモ-3-ヨード-2-メチルベンゼン
（1-bromo-3-iodo-2-methylbenzene）
(999) 1-ブロモ-4-ヨード-2-メチルベンゼン
（1-bromo-4-iodo-2-methylbenzene）
(1000) 1-フルオロ-2-ヨード-3-メチルベンゼン
（1-fluoro-2-iodo-3-methylbenzene）
(1001) 1-フルオロ-3-ヨード-2-メチルベンゼン
（1-fluoro-3-iodo-2-methylbenzene）
(1002) 4-フルオロ-1-ヨード-2-メチルベンゼン
（4-fluoro-1-iodo-2-methylbenzene）